U0176606

超深地下公共空间安全疏散设计

董莉莉　胡望社　邬　锦　李俊钊　　著

中国建筑工业出版社

图书在版编目（CIP）数据

超深地下公共空间安全疏散设计 / 董莉莉等著. --
北京：中国建筑工业出版社，2021.9
ISBN 978-7-112-26154-3

Ⅰ. ①超… Ⅱ. ①董… Ⅲ. ①地下工程－公共空间－
安全疏散－建筑设计 Ⅳ. ①TU94

中国版本图书馆CIP数据核字(2021)第087362号

数字资源阅读方法：

本书提供所有图片的电子版本，读者可使用手机/平板电脑扫描右侧二维码后免费阅读。

操作说明：扫描授权进入“书刊详情”页面，在“应用资源”下点击任一图号（如图2-1），进入“课件详情”页面，内有可阅读图片的图号。点击相应图号后，再点击右上角红色“立即阅读”即可阅读相应图片彩色版。

若有问题，请联系客服电话：4008-188-688。

责任编辑：李成成
版式设计：美光设计
责任校对：赵　菲
封面图片：何屹东

超深地下公共空间安全疏散设计
董莉莉　胡望社　邬锦　李俊钊　著
*
中国建筑工业出版社出版、发行（北京海淀三里河路9号）
各地新华书店、建筑书店经销
北京美光设计制版有限公司制版
临西县阅读时光印刷有限公司印刷
*
开本：787毫米×1092毫米　1/16　印张：$7\frac{1}{2}$　字数：241千字
2021年11月第一版　2021年11月第一次印刷
定价：88.00元（赠数字资源）
ISBN 978-7-112-26154-3
(37686)

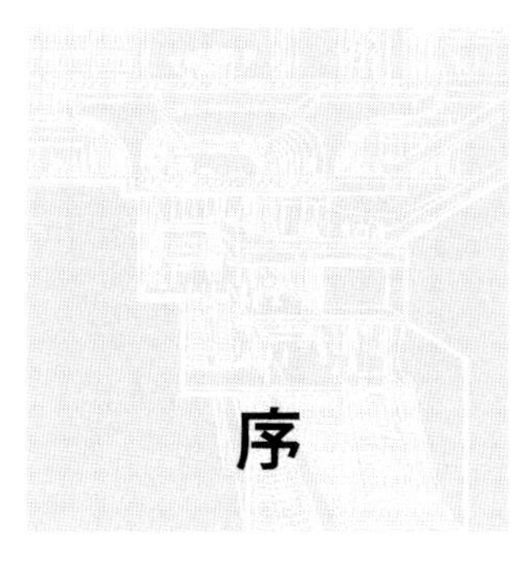

序

FOREWORD

地下空间是高密度城市的有机组成部分，服务于城市交通、商业、市政、仓储、物流等。20世纪以来，人类大规模开发利用城市地下空间，既解决了城市问题，又提升了城市竞争力，地下空间资源的综合利用被视为支撑城市可持续发展的重要途径。

在严寒和寒冷气候区，地下空间的温度恒定，具有防寒功能，加拿大多伦多等城市对地下空间的综合开发利用进行了长期的探索和实践。20世纪中叶，加拿大多伦多政府制定了PATH体系，通过数十年的发展，其地下步行系统已经成为北美乃至全球最大的地下商城兼通道。同时，地下空间在应对交通拥堵、城市热岛等城市问题方面，也体现出了优势和潜能。当今城市发展面临地面空间容量有限和土地供应紧张的问题，地下空间也为高密度城市建设提供了发展的通道。21世纪以来，我国也在积极地探索地下空间的综合开发利用，不仅重视地下浅层部分的开发利用，还对深层地下空间的开发进行了很多有意义的探索。

目前，尽管地下空间的深层开挖技术和装备已逐步完善，但在破坏性事故中，深层地下空间的疏散救援能力与干预措施有限，势必会产生或加剧事故发生的风险，易造成更为严重的危害，灾害预防是深层地下空间设计的重点问题。

本书作者多年来对地下空间的利用进行了有意义的探索，从建筑设计的视角对地下公共空间的安全疏散开展了专门的研究。在本书中，作者将“地表50米以下”定义为超深地下空间，已经超出了我国现行相关消防规范的地下深度范围。本书以创新的角度确立了安全疏散条件并建立疏散设计目标；依据相关规范，优化了应急疏散设施的设计要点，并梳理了水平和垂直结构中的设计原则和设计要求；提出了“安全疏散体”的设计新构想，协同下沉式避难空间，构建了一种新型的安全疏散模式；利用BIM和VR等新技术，实现了从预防到现实的安全疏散保障体系。纵观全文，作者的研究和探索对地下空间的深度开发与利用具有积极的价值。

刘加平

前言

PREFACE

随着城市的人地争夺矛盾加剧，城市土地资源的短缺问题日益突出，城市地上建筑密度日益饱和。土地资源的紧迫形势加快了地下空间的开发，城市空间的发展由地上向地下转移，地下空间的开发利用成为城市可持续发展的必然趋势。近年来，国家相继发布了一系列的政策性文件，推动地下空间的发展。随着地下空间的开发，地下空间纵深的拓展也成为趋势。然而由于超深地下空间的开发利用具有开挖深度大、平面构成复杂、功能用途多样，以及地下空间的隐蔽性和封闭性等特点，一旦发生灾害，将会造成严重的伤亡事故，因此地下空间的开发利用，在带给人们效益的同时，安全问题也日益突出。如何将地下空间中的大量人员在火灾发生时安全快速地疏散至地面是亟须解决的技术难题。目前，我国相关规范多是针对浅开挖一类的地下工程，对于深度大于 50m 的超深地下公共空间的安全疏散则缺少相应的防火规定。地下空间中人员的疏散方向与烟气扩散方向一致，都是自下而上，因此其安全疏散问题成为重点关注的问题。

本书从建筑设计层面出发，结合相关规范的要求对超深地下公共空间的人员疏散展开研究，重点解决紧急情况下超深地下公共空间所面临的安全疏散问题。本书首先对超深地下公共空间火灾原因及特点进行探究，总结超深地下公共空间的火灾危害性，并找出人流疏散规律，从而确立安全疏散条件；然后基于疏散目标总结了地下公共空间的应急疏散设施、水平疏散和垂直疏散三个方面的优化设计要点；针对超深地下公共空间垂直方向高差大的特点，本书创新性地提出了安全疏散体这一人员安全疏散解决方案，接着采用类比分析、实验测试、综合应用的方法，运用 BIM 技术和 Pathfinder 火灾疏散软件对既有的安全疏散模式及创新的疏散模式模拟分析，制定多种基本可行的水平疏散和垂直疏散组合方案，对模拟疏散结果进行归纳总结，在满足超深地下公共空间人员安全疏散时间的情况下，得出合理的超深地下公共空间安全疏散模式；再以重庆轨道 10 号线红土地站为例，采用 BIM 技术和 Pathfinder 软件对安全疏散模式的疏散效果进行模拟仿真，对比理论疏散时间与模拟疏散时间，验证安全疏散模式在实际工程中的有效可行性；最后通过 BIM 技术进行超深地下公共空间的数据库建立，结合 VR（虚拟现实）技术辅助模拟地下空间，使人员从宏观层面对空间进行熟悉，从而达到预防、教育的目的。

重庆市基础科学与前沿技术研究项目：超深地下公共空间安全疏散模式研究（cstc2017jcy-jAX0260），课题资助。

重庆市社会民生科技创新专项：基于 CGB 集成的重庆智慧轨道交通物业全生命周期关键技术应用研究（cstc2016shmszx30017），课题资助。

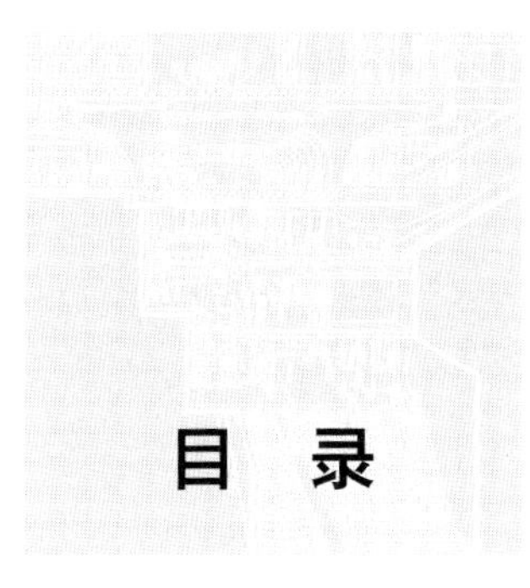

目 录

CONTENTS

第 1 章

绪 论

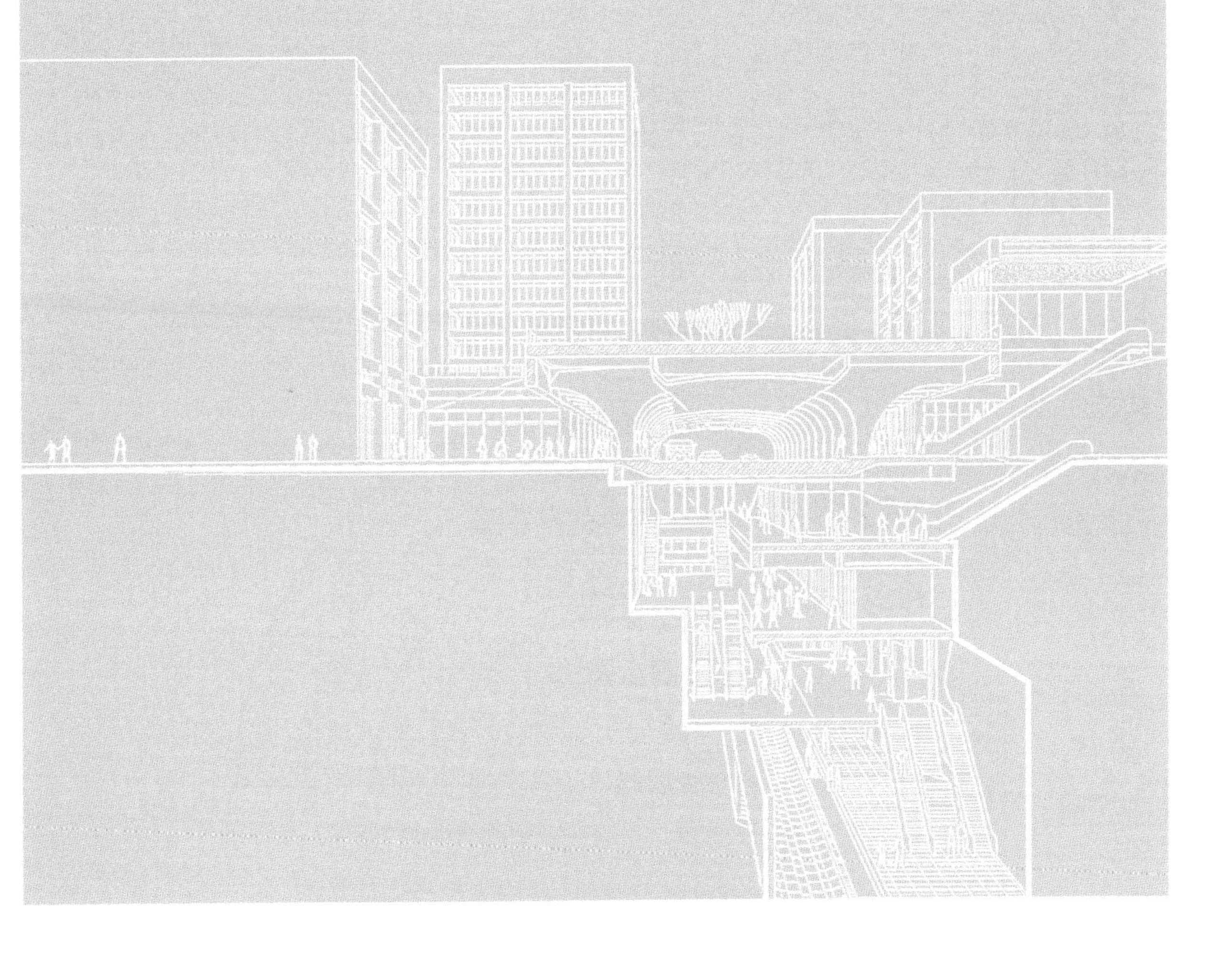

1.1 概述

1.1.1 地下空间开发

1991 年，在东京召开的城市地下空间国际学术会议通过的《东京宣言》，提出了“21 世纪是人类开发利用地下空间的世纪”[1]。但作为较大规模的城市地下空间开发利用，应以 1863 年世界上第一座地铁在英国伦敦建成为开端[2]，此后一个阶段专注于城市地下空间的开发利用。现阶段对地下空间的开发利用已经到了一个新的阶段，发达国家已具备相当水平及规模。地下空间也已被世界各国列为人类可开发利用的第三大空间，仅位列太空空间与海洋空间之后。“十二五”期间，与地面建筑面积相比地下空间的竣工面积由之前的 10% 增长到 15%，而我国地下空间每年增加的建设量保持在 20% 以上。城市地下空间开发利用由人防工程拓展到交通等多种类型，由浅层开发延伸至深层开发，由小规模单一功能发展为多功能集合体。近三年（2016～2018 年），每年新增地下空间 2.7 亿 m^2 以上，2018 年全年中国城市地下空间（含地铁、地下道路等公共工程）与同期地面建筑竣工面积的比例从 2015 年的 15% 上升至 19%，其中中国三大城市群（京津冀、长江三角洲、珠江三角洲）2018 年地下空间新增竣工量占全国总新增量的 34.69%（图 1-1）。

1.1.2 城市资源发展

我国地下空间开发相对较晚，配套设施相对落后。以能源为例，截至 2018 年年底，我国地下储气库建成 25 座，储气规模达 400 亿 m^3，调峰工作气量约为 100 亿 m^3，不足消费量的 5%，远低于 11.4% 的国际平均水平。而同样是天然气消费大国的美国，2015 年的储气库工作气量为 1281 亿 m^3，占消费量的 16.4%（图 1-2）。由此，我国还要建设更多的天然气储气库才能达到国际平均水平，而储气库的建设也为地下空间的开发利用提供了市场。

从 20 世纪 60 年代开始，为了防御空袭我国才开始地下空间的开发利用，人民防空工程是地下空间开发的开端。在最近 30 年，城镇化的迅速发展，已超过其他国家。联合国经济与社会事务部人口司的报告显示，中国的城市人口比例从 1950 年的 11% 跃升至 2018 年的 59%，预计 2025 年将达到 66%（图 1-3），也就意味着我国每年城镇化进程将提高约 1 个百分点。防护工程和地下工程专家钱七虎院士指出，城镇化进程每提高一个百分点就需要占用 450 万亩的土地，统计数据显示，2007 年我国耕地面积为 18.26 亿亩，已经接近 18 亿亩的红线。而耕地红线是我们生存的基本口粮保证。

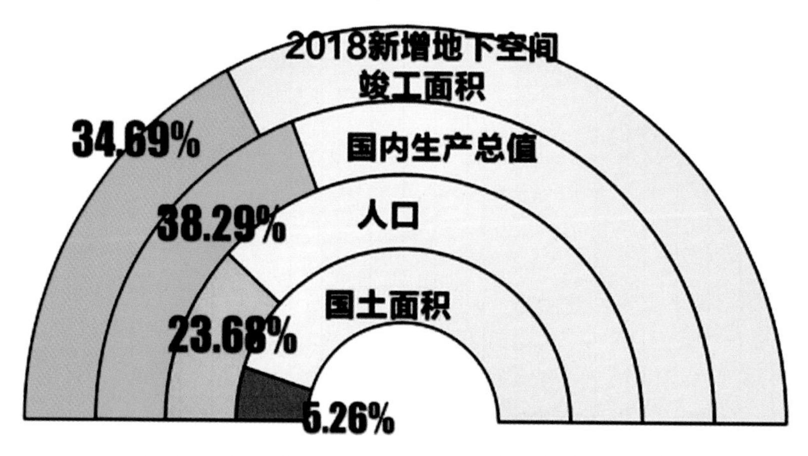

图 1-1　三大城市群城市发展及地下空间建设数据占全国的比例
资料来源：《中国城市地下空间发展蓝皮书（2019）》

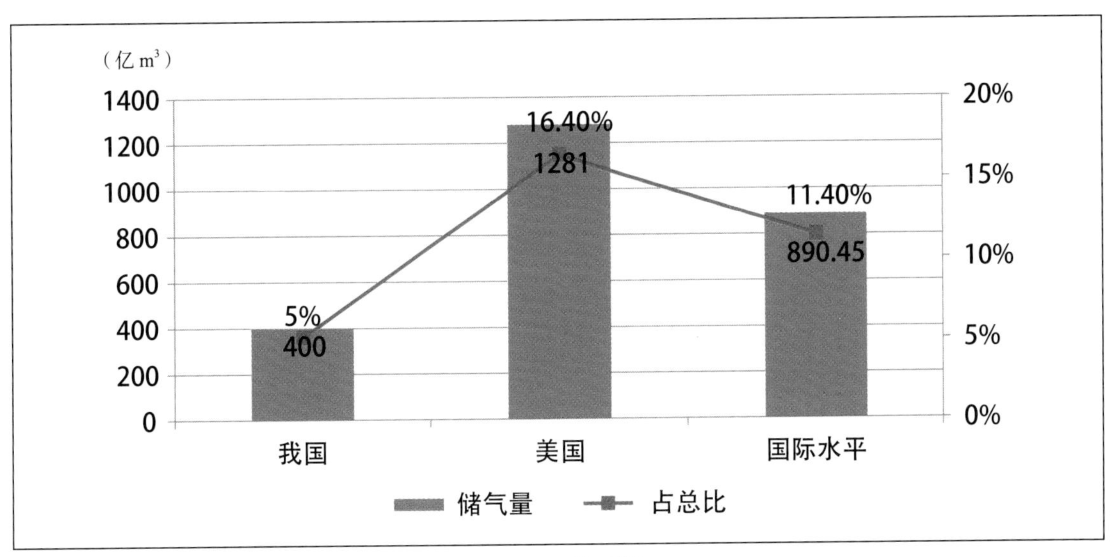

图 1-2　天然气消耗

资料来源：《2019 中国能源化工产业发展报告》

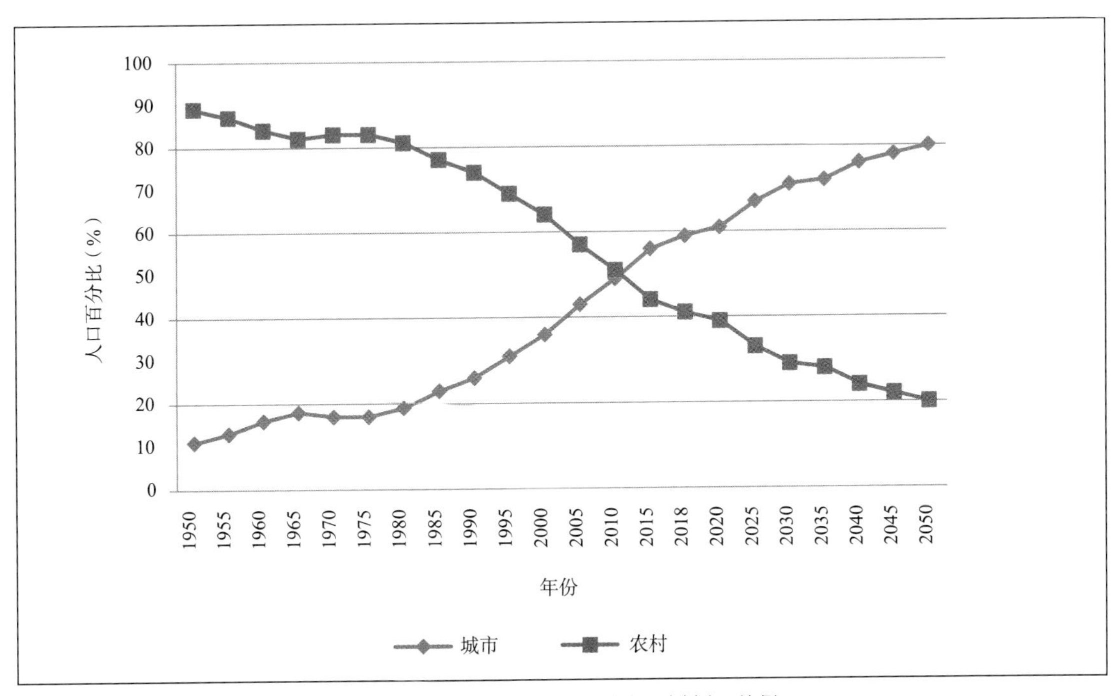

图 1-3　1950～2050 年我国城市和农村人口比例

资料来源：联合国经济与社会事务部人口司

随着城市的人地争夺矛盾加剧，城市土地资源的短缺问题日益突出，城市地上建筑密度日益饱和。在这种紧迫的局势下，城市空间的发展由地面建筑向上发展逐渐转移为向地下纵深开发利用，这也是城市可持续发展的必然趋势。与世界其他地区相比，我国的地下空间开发具有良好的前景，民进中央向全国政协十三届二次会议提交的《关于强化地下空间开发利用的提案》中指出：我国地下空间的规模约 200 亿 m³，价值评估达 15 万亿元。地下空间的大规模开发、快速发展、设施多样化以及产生的各种矛盾的解决，都充分证明了城市地下空间不仅是一种资源，而且有解决城镇化带来的负面影响的作用。

1.1.3 政策驱动

近年来，国家也相继发布了一系列的政策性文件，推动地下空间的发展。2015 年我国出台了一系列直接推动城市地下空间产业发展的政策文件，如城市综合管廊、停车设施等，要求“在满足城市规划的前提下，充分利用地下空间资源，在已规划建设地铁的城市中拓展地下空间，发展便民生活性服务”。2016 年，住房城乡建设部颁布了《城市地下空间开发利用“十三五”规划》，指出：以轨道交通和综合建设带动周围人口密集的城市地下空间的发展。空间类型从人防工程拓展到市政、交通运输、商储等多方面，纵深也逐步增加，开发规模也向集多种功能于一体的综合性空间发展。因此，在城镇化加速发展和生态环境要求增加的同时，对城市地下公共空间的开发利用，不仅是优化城市空间结构、提高城市空间资源利用效率的重要手段，并且是增加城市容量、增强防灾减灾能力、缓解交通拥堵、完善公共服务和基础设施配套等的重要举措。

1.1.4 地下空间现存问题

现阶段在国家政策及民生驱动的大背景下，城市地下空间持续发展，通过对已建成的城市地下公共空间进行调研分析发现：

1. 开发利用纵向深度受限

随着地下空间的开发，地下空间纵深的拓展也成为趋势[3]。我国对超深（超过 50m 埋深而言）地下空间的开发利用还十分局限。目前对于埋深 50m 以内地下空间的利用较为普遍，例如地下商场、车库、轨道交通等，而对于埋深超过 50m 的仅限于国防工程和少量的城市轨道交通。上海北外滩星港国际中心工程地下空间是建筑最深地下空间，最深处仅为 36m；重庆轨道 10 号线红土地站埋深达 94m，已成为全国最深地铁站。但随着城市轨道交通的大规模建设，城市综合防灾平战结合的要求，城市更新绿地与地下空间的复合开发，必然会产生许多埋深超过 50m 的超深地下公共空间。

2. 安全问题突出

地下空间的开发利用，在带给人们效益的同时，安全问题也日益突出[4]。由于超深地下空间的开发利用具有开挖深度大、平面构成复杂、功能用途多样以及地下空间的隐蔽性和封闭性等特点，一旦发生灾害，将会造成严重的伤亡事故（表 1-1）。而地下空间火灾发生几率较高，并且火灾又可能引起爆炸、气体中毒等事故。因此对人流安全疏散提出了更高要求。

表 1-1 地下空间灾害类型

灾害类型	具体表述
自然灾害	气象灾害、海洋灾害、地质灾害、地震灾害等
人为灾害	由大量的城市人口、密集的建筑、狭窄的道路和交通拥堵造成的城市交通事故、火灾、化学事故、核事故和环境污染
战争灾害	城市是敌人空袭的重要目标，须充分考虑未来可能发生的战争所带来的灾难
次生灾害	由以上灾害所诱发的其他灾害，如火灾、水灾等

资料来源：作者整理

3. 相应规范的缺少

我国目前执行的相关规范大多数是针对埋深较浅的地下空间，如《汽车库、修车库、停车场设计防火规范》GB 50067—2014、《建筑设计防火规范（2018 年版）》GB 50016—2014 以及《人民防空工程设计防火规范》GB 50098—2009。而在《城市轨道交通技术规范》GB 50490—2009 中虽对于地铁站的建筑防火设置有相关规范条款，但对于人员的安全疏散也未明确规定。

1.1.5 地下空间可持续发展

中国工程院院士钱七虎指出，地下空间的开发、利用是人类社会和经济实现可持续发展、建设资源节约型和环境友好型社会的重要途径，地下空间可以有效解决城市交通日益拥挤的现象，还可以避免出现“拉链公路”。在城镇化发展不断加速与生态环境要求不断提高的双重约束下，城市地下空间的合理开发利用成为“节地”的首选策略，也成为未来城市建设的可持续发展方向之一。由于在对地下工程开展设计时，地下空间的安全疏散设计较地面建筑来说可参考的规范条例缺乏，配套的消防验收程序不成熟，致使空间开发仍面临诸多问题。而且地下建筑发生火灾时有限的安全出口和逃生路径，限制了人员的疏散效率，并且自下而上的逃生方向又加大了人员疏散难度。另外，烟气蔓延与人员疏散方向相同，都是自下而上，这也加大了火灾危险性。因此，解决地下公共空间的安全疏散问题是地下空间开发利用的先决条件。

1.2 国内外研究现状

1.2.1 国外研究现状

国外对地下空间的安全性给予了极大的关注，与我国相比，其研究历史更长。特别是第二次世界大战后，各国地下防空系统的建设急剧增加，地下公共空间人员的疏散问题也成为研究重点，主要研究成果分为以下几个方面：

1. 火灾中人员反应情况研究

火灾产生的浓烟降低了火灾现场的能见度，这不仅会降低疏散速度，还会影响疏散者的精神状态。Jeon 等人[5]和 Xie 等人[6]在不同能见度条件下的室内环境进行了一系列疏散实验，通过研究人类在不同能见度、疏散条件下的行为，分别认识到社会群体对个人或人群的动态影响，即研究不同可见度条件下个人和社会群体的疏散表现。Haghani 等人[7]通过在不同紧急程度下人群的疏散行为（反应时间、出口选择和出口选择适应性）的实验，以及进一步的分析表明人们的行为符合多属性权衡，揭示了出口处的拥挤程度、出口可见性以及同伴对出口选择决策的影响的共同作用。另外有学者从心理学和管理学两方面针对人员在拥挤过程中的心理行为进行了研究。Zhu 等人[8]还探索了不同的文化背景对参与者的寻路行为的可能影响，并分别在伦敦、北京和洛杉矶进行了实验。

2. 人员疏散模型研究

随着计算机仿真模拟技术的发展，多个领域已开始利用这种技术对人员运动进行模拟。据统计，目前国际上已经建立和正在开发的人员疏散模型大约有 22 种[9]。研究在多险种破坏下地铁疏散中行人的时空分布，可利用 MassMotion 建立基于社会力的大规模疏散模型，在该模型中，设置一系列代表了多个危险的不良影响的关键节点故障，并通过对疏散时间、人员密度等因素的分析，得出在人群疏散过程中，必须平衡整体疏散时间和局部密度，将有助于管理者制定合理的疏散策略，分散区域疏散风险[10]。另外使用较广泛的有：基于人员行为的火灾时期紧急疏散模拟模型 BPIRES、能追踪个人行走轨迹的疏散模型 EXIT、能确定人员疏散路线的网络人员流动模型 EVACNET。

3. 防灾技术研究

目前国外在地下空间防灾技术研究方面集中于综合应急状态系统开发[11]、地下空间人性化导向设计[12]、地下空间消防自动控制系统开发[13]、地下空间消防技术研究与产品开发[14-15]等。在灾害预防方面，Guo 等人[16]利用非连续分析软件 3DEC 建立了地下洞室的三维模型，根据蒙特卡罗方法建立了满足正态分布特性的随机数，并进行了开挖模拟，对工程的安全性进行了评价，为地下洞室的安全评价提供依据。Hou 等人[17] 通过对疏散案例的调查和分析，探讨了重大化工事故中疏散预警的扩散特征和疏散效率，为非常规紧急情况下的区域疏散分析和应急规划提供了参考。另外在灾害管理方面，Yoneyama 等人[18] 对城市地下空间的洪水突发事故进行了研究，并编制了一份关于洪水预防和减灾的“最佳做法文件”，通过模型对洪水突发事故下水深与安全疏散的可行性进行了数值分析。

4. 性能化防火疏散设计

Haghani[19] 确定了三种提高疏散效率的优化方法：建筑设计和基础设施调整；路径 / 出发时间安排计划的数学编程和优化；行为修改，培训和主动指导。Alam 等人[20] 采用贝叶斯理论方法确定最可能的碰撞热点，使用碰撞发生模块在动态交通微观仿真模型中对这些热点进行编码，结果表明碰撞严重影响了疏散。Gao 等人[21] 针对大型地下公共空间疏散路径过长和复杂性，引入了一种基于约束的设计模型来自动生成建筑物疏散门的最佳位置，该模型包括空间约束和设计约束，以最小化逃生路线的长度，从而减少疏散时间。Li 等人[22] 考虑到人员个体特征和建筑物影响因素的差异，提出了有限空间的安全疏散模型。根据不同的出口宽度和操作门，分析了疏散效率、瓶颈面积密度、逃生路线特征及相似因素。

目前国外的研究现状重点从疏散模型出发，结合性能化设计来考虑地下空间的疏散问题，其优点在于借助模拟仿真可以对疏散过程有直观了解。然而对于地下空间的疏散研究一般只针对某一特定场景的模拟分析，对于埋深问题几乎很少涉及。电梯在紧急疏散中应发挥的作用，国际上仍默认“火灾等紧急情况禁止使用电梯”这一做法，相关理论研究更多关注的是火灾时电梯用作运输消防设备和人员执行救灾任务。

1.2.2 国内研究现状

我国关于地下空间的相关研究从 1981 年开始，2016 年达到最热。搜索关键词为地下空间、地下工程、地下物流、地下交通、地下商业、地下停车、人防工程。“十二五”以来以地下空间研究方向或研究内容的学术论文共计 18310 篇。其中，2018 年共发表 2520 篇（图 1-4），核心期刊（SCI、EI、CSSCI、中国科技核心期刊、北大核心期刊、CSCD、SCIE 等）收录 494 篇，收录比重占全年“地下空间”学术论文总数的 20.6%，较 2017 年略有下降，但仍高于近 5 年的平均水平。

以“地下空间”为关键词，并被 CSSCI 检索收录的论文 143 篇。其中建筑学相关研究 70 篇，占 49%；法学相关研究 20 篇，占 14%；地理学相关研究 18 篇，占 13%。交通运输工程相关研究 8 篇，占 6%；艺术学相关研究 3 篇，占 2%；测绘科学与技术相关研究 3 篇，占 2%；地质资源与地质工程相关研究 2 篇，占 1%；土木工程相关研究 2 篇，占 1%；历史学相关研究 2 篇，占 1%；体育学相关研究 2 篇，占 1%；其他领域相关研究 13 篇，占 10%（图 1-5，表 1-2）。由此可见，地下空间学术研究在工学学科中的多领域融合已较为普遍。

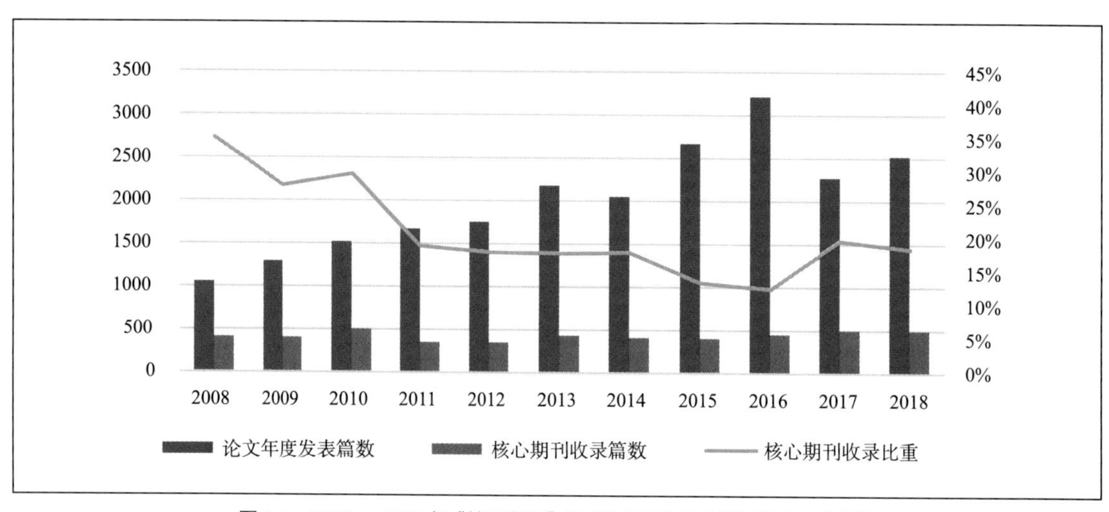

图 1-4　2008 ~ 2018 年“地下空间”学术论文录入核心期刊比重变化趋势

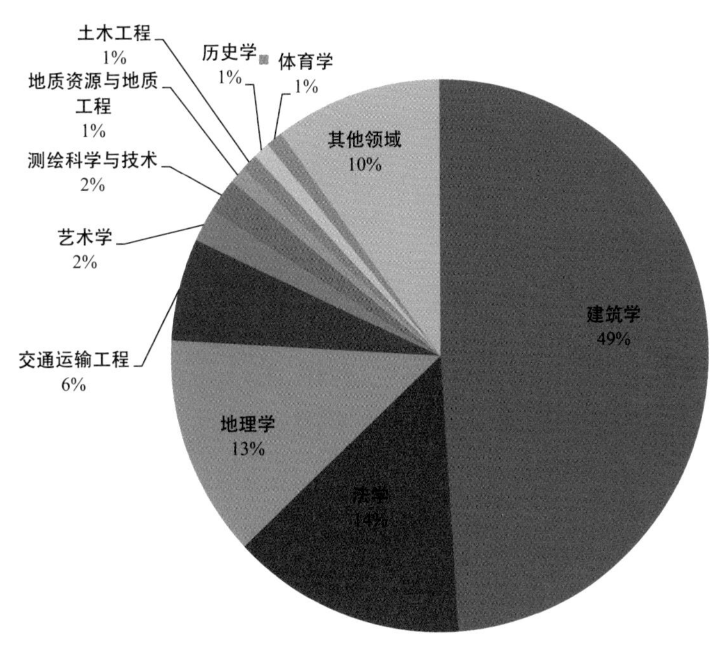

图1-5　各学科比重统计图
资料来源：作者自绘

然而以“安全疏散”及“地下”为关键词，并被CSSCI检索收录的论文仅10篇。可见我国对于地下空间紧急情况下安全疏散问题重视程度和认知程度均较低，相关研究起步比较晚，目前发展相对落后，但通过不断学习借鉴国外成功的经验，也取得了一些研究进展。

1. 人员行为研究

与国外研究相比，国内对于火灾中人员反应情况多位学者也做了相关研究。研究发现多种因素对人员行为有着影响。

（1）人员特征。郭海林等人[23]从人员特征及心理因素方面对不同年龄、性别、文化程度、性格类型等不同类型的人群面对火灾的反应进行研究，发现不同的群体会有不同的反应。

（2）心理因素。在发现火灾之后，产生的恐惧心理、从众心理、冲动心理、侥幸心理等也会影响到逃生决策。向鑫[24]通过疏散人员的行为与心理研究，提出具体的疏散设计策略。胡斌等人[25]根据相关规范和疏散人员心理以及地下空间特征，结合商业活力优化，探讨性地提出该类建筑的防火和疏散设计要点，以及合理化建议。

（3）人员密度。吕辰等人[26]通过火灾时期人员密度变化对人员安全疏散时间的影响分析研究，合理确定了地下商业街火灾风险控制人员密度。方平等人[27]通过分析地下空间人员疏散过程中的心理特征、行走速度、人员密度、流动系数等，针对疏散瓶颈，优化地下空间设计，以此缩短疏散时间，达到保障人员安全的目的。

2. 空间环境研究

陈志龙等人[28]从城市地下空间功能、结构与形态关系出发，提出了城市地下空间布局基本原则，解析了城市地下空间布局与形态，并对城市地下空间布局方法进行了探讨。为了提出解决地下空间安全防火的对策，避难空间的衍生概念——安全疏散厅[29]、过渡空间[30]等出现，分别针对不同的问题设计具有不同的模式与疏散措施，并论证了其可行性。研究了疏散通道的距离、高度、宽度对人员疏散时间及安全状态的影响[31]。地下空间的安全疏散多数研究是针对重要节点的优化，从而达到人员的安全快速疏散目的。地下空间步行出入口是地下空间设计的重要节点[32]，它是联结地下与地上空间的主要空间形式，其大小、位置、数量等不同的设计方式有不同的疏散效果[33]。董贺轩等人[34]从交通转换功效、信息转换功效和自然环境转换功效三方面对城市多层面公共空间垂直转换节点出发进行使用后评价，并结合城市多层面公共空间系统建设需求，提出了垂直

表 1-2 以“地下空间”为关键词并被 CSSCI 检索收录论文统计表

研究领域	篇数	百分比
建筑学	70	49%
法学	20	14%
地理学	18	13%
交通运输工程	8	6%
艺术学	3	2%
测绘科学与技术	3	2%
地质资源与地质工程	2	1%
土木工程	2	1%
历史学	2	1%
体育学	2	1%
其他领域	13	10%

资料来源：作者整理

转换节点的设计策略及方法。李静影[35]对地下空间的防火分区进行了分析和归纳，提出了对民用地下空间防火分区和安全疏散消防设计要点的理解。

3. 消防新技术的开发

消防科学研究所与多所高校联合进行研究，在消防新技术的开发中取得了一些有价值的研究成果。舒士勋[36]在地下商业建筑防火安全疏散设计中采用了超早期火灾探测器、快速响应喷头。杨洋[37]以哈尔滨市地下商业街作为载体，对安全导识系统进行了设计研究。杨淑江等人[38]对大型商业综合体安全疏散走道的加压送风方式、送风量及安全性进行了分析。王超等人[39]对安全疏散中电梯的疏散效率也进行了研究，验证了电梯辅助疏散的高效性。

4. 模型设计研究

柳昆等人[40]针对评价模型研究现状，提出了新的评价模型结构，为后续的地下空间总体规划和详细规划提供理论依据。刘梦洁[41]基于 FDS 火灾仿真模型和 Pathfinder 人员疏散仿真模型分别从一氧化碳浓度、烟气温度以及视线能见度方面通过仿真方法计算出地铁车站内人员可用的安全疏散时间。苏晶[42]对于不具备自然排烟条件的长大海底地铁隧道通过地下环控软件 SES 模拟烟气扩散并进行通风排烟控制。章能胜[43]采用 GAMBIT 软件对地下车站进行几何建模，并运用 FLUENT 软件分别模拟了车站站台火灾和车站隧道列车火灾。王延钊[44]基于元胞自动机模型的地下空间人员疏散模型，能准确表达建筑空间的信息，即空间形状以及内部障碍物位置。

5. 地下空间埋深研究

目前国内涉及超深的地下空间的研究大多数集中于工程结构方面，如超深基坑、地下连续墙、竖井等的技术、风险研究[45-47]，并且对于超深也没有明确的深度界定。在疏散研究中，胡望社等人[48]基于《建筑设计防火规范》，以 10m 为深度界限，针对规范中不涉及的埋深超过 10m 超深地下空间，对地下人防工程的人员疏散进行了研究。另外李俊钊[49]也以 10m 为深度界限，对超深地下人防工程安全疏散进行了研究。谢瑞航等人[50]通过在 60m 的地下环境中模拟紧急情况，利用楼梯进行个人上升疏散的观测实验，针对 0～60m 地下空间上升疏散过程，建立了不同 BMI 组上升速度变化的数学模型。而其他疏散研究中则很少针对地下空间埋深的深度范围进行研究。

由国内研究现状可看出，目前国内对地下空间的疏散问题集中于研究疏散人员的行为心理、空间环境、消防新技术的开发以及模型设计等方面。与国外相比，国内关于地下空间火灾安全问题的研究起步较晚，但近几年来，国内在地下空间超埋深方面的疏散研究开始起步。因此对于火灾疏散问题特别是超深地下空间的疏散问题还有待进一步研究。

1.3 概念界定

1.3.1 地下公共空间

地下空间（Underground Space），指位于地表以下可供人们活动的空间。按成因可分为天然地下空间和人工地下空间。前者是由地质现象自然生成，而后者是经人工修筑形成的地下建筑或空间。地下空间类型众多（表 1-3），综合其特点以及人流量将地下空间分为公共空间与隐蔽空间。开放以及人流量大的区域，如商业、交通、文体、防灾等地下空间归为地下公共空间；而较隐蔽以及仅少量工作人员能进入的区域为隐蔽空间。

表 1-3　地下空间功能分类

分类	类型	功能	特点
地下公共空间	地下居住空间	地下室、半地下室	可以居住，但环境不满足大量人口居住
	地下文体空间	文化、娱乐、体育等	休闲娱乐
	地下防护空间	人防工程	自然和人为灾害的综合防灾防护，隐蔽、安全
	地下交通空间	地铁隧道、快速路、停车库等	快速安全，无气候影响，改善交通，节地
	地下商业服务空间	办公、科教、医疗、商场等	与动态交通功能相联系，需特别重视防灾措施
地下隐蔽空间	地下公用设施空间	市政管线、污水垃圾处理场等	综合化、廊道化
	地下工业空间	军事、轻工业、手工业等	空间环境稳定
	地下贮存空间	地下贮库	利用地下空间的恒温、恒湿等特点进行贮存，经济效益显著

资料来源：作者整理

地下公共空间（Underground Public Space），指位于地面以下的城市公共空间，是地表以下以土壤或岩体为主要介质的公共空间领域，具体指城市或城市群中经由人类建设和利用的地下建筑中的开放空间体，其发展指标与许多城市活动指标有关，满足人们社会生产、生活、防灾减灾等需求。

1.3.2 超深地下空间

目前，北京、上海、广州、深圳、重庆、天津、成都等城市已成为我国城市地下空间发展的重点区域，其地下空间开发利用规划强调向地层深处发展，地表 30m 以下空间为大规模城市地下公共空间开发利用的重点，而地表 50m 以下的空间则将成为城市地下公共空间开发利用的主体。

日本学者将地下空间分为：浅层（0 ~ –15m）、次浅层（–15 ~ –30m）、次深层（–30 ~ –50m）、深层（或称为大深度地下空间，–50m 以下）。依据《城市地下空间规划标准》GB/T 51358—2019，并综合目前已建地下空间开发深度，我们将地下竖向开发利用的深度进行了分类（表 1-4）。

1.3.3 超深地下公共空间

建筑与人防设计的相关规范对超深地下空间的深度范围值均未明确提出，且学界对超深地下公共空间的研究也甚少，各行业对地下空间深度的界定也各不相同，详见表 1-5。

综合各行业所定义的地下空间深度，以及地下空间开发规划的深度，超深地下公共空间可以界定为：地表 50m 以下，满足人们生产、生活、防灾减灾等需求的城市公共空间。

表 1-4 城市空间竖向分层

竖向分层区段	分层范围	主要功能
地下表层空间	0～-3m	可以与地面共同开发作为地面功能及公共活动的延伸；以下沉广场、市政设施、管线、停车场为主
地下浅层空间	-3～-15m	具有一定的公共性与封闭性，可作为公众活动的延伸或补充空间；以娱乐、停车、人行交通、轨道交通为主
地下中层空间	-15～-30m	具有较强独立性、封闭性；以轨道交通与市政综合管廊建设为主，部分含商业
地下深层空间	-30～-50m	独立性与封闭性较强；特定移入地下的市政设施建设，如地下物流系统、存储与电力系统
地下超深空间	-50m 以下	具有较强隐蔽性，逃生与安全限制制约地下空间纵深开发，因此开发应考虑新技术应用，建设为城市服务的各种新系统和新空间

资料来源：作者整理

表 1-5 各领域对地下空间深度的界定（单位：m）

空间深度	市政	建筑	地下运输	矿业
浅近地面	0～2	0～10	0～10	0～100
中层深度	2～4	10～30	10～50	100～1000
深入	＞4	＞30	＞50	＞1000

资料来源：《地下空间利用》

第 2 章

超深地下公共空间火灾特性分析

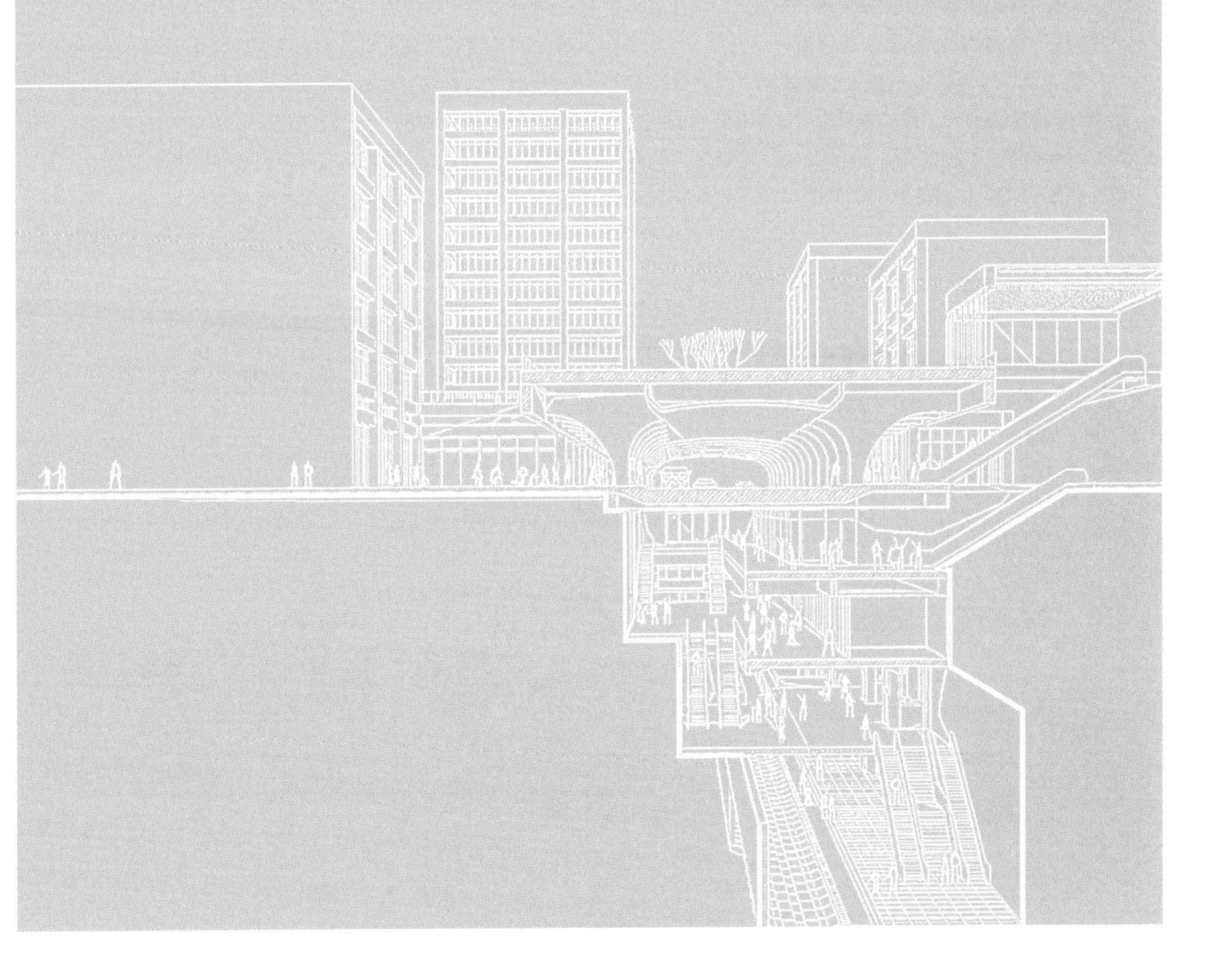

对于地面高层建筑，国家已有成熟的防火规范，使防火设计有参照以及消防监督有依据。然而，对于地下埋深的空间尚无成熟的相关规范。但国家形势的发展以及政策的推动，地下空间加速开发建设，安全问题成为关注的重点，亟须对超深地下公共空间的火灾特性进行深入研究，提出切实可行的防火设计对策，以保障地下公共空间的消防安全。在研究超深地下公共空间安全疏散的过程中，对火灾特性的分析研究有重大意义。

2.1 超深地下公共空间灾害类型及风险评估

2.1.1 灾害类型

地下空间尤其是超深地下公共空间的封闭性特点，使其对外界自然灾害如地震、台风等的防御能力远比地面建筑安全，但其内部发生灾害事故如火灾、爆炸等所造成的后果又远比地面同类灾害严重[51]。

日本是国际上灾害相对较多的国家，因此很注重地下空间灾害的研究，起步相对较早并且在防治研究工作方面投入巨大。例如在地下空间内灾害事故的研究方面，曾组织720人花费3年时间对1970—1990年日本地下空间内的各种灾害事故进行收集并系统调研[52]，结果如表2-1所示。

由表2-1可以看出，地下空间内火灾事故几乎占了事故总数的1/3，是地下空间中发生灾害次数最多、损失最为严重的一种灾害。表2-2列出了我国1997—1999年地面高层建筑与地下空间火灾损失对比情况，可以看出地下空间火灾发生次数是地面高层建筑的3～4倍，死亡人数是5～6倍，直接经济损失是1～3倍，可见地下空间火灾的危害性极大，它不但会导致大量人员伤亡，还造成地下结构的损毁，其修复耗费巨大，是最不

表2-1　1970—1990年日本与国际地下空间各种灾害事故对比

灾害类型		火灾	空气污染	施工事故	爆炸事故	交通事故	水灾	犯罪行为	地表塌陷	结构损坏	水电供应	地震	雷击事故	其他	合计
发生次数	日本	191	122	101	35	22	25	17	14	11	10	3	1	74	626
	国际	270	138	115	71	32	28	31	16	12	11	7	2	76	809
日本事故比例（%）		30.5	19.5	16.1	5.6	3.5	4.0	2.7	2.2	1.8	1.6	0.5	0.2	11.8	100

资料来源：作者整理

表2-2　1997—1999年我国地面高层建筑与地下空间火灾对比情况

年份	火灾次数（次）		伤亡人数（人）		直接经济损失（万元）	
	高层	地下	高层	地下	高层	地下
1997年	1297	4886	56	306	9682.6	14101.1
1998年	1077	3891	47	288	4650.9	13350.4
1999年	1122	4059	66	340	4749.9	12952.7

资料来源：作者整理

表 2-3　2012—2017 年我国城市地下空间灾害统计

灾害类型	发生次数（次）	百分比（%）
火灾	184	35.33
空气质量	125	24.13
爆炸事故	42	8.11
犯罪行为	34	6.56
施工事故	112	21.62
水电供应	16	3.09
水灾	5	0.97
总计	518	100

资料来源：作者整理

容忽视的地下空间灾害。

根据《中国城市地下空间发展蓝皮书（2018）》指出：我国 2017 年地下空间事故与灾害在总数量与 2016 年基本相同的情况下，人员伤亡却大幅增长。其中，由地下空间事故与灾害造成的直接死亡人数为 145 人。邵峰等人[53]通过对我国近 5 年城市地下空间灾害的统计（表 2-3），发现火灾占比最大，同时火灾还可能引发气体爆炸和中毒等次生灾害，造成的损失巨大。2017 年，由火灾造成的人员伤亡高达 87 人，直接经济损失高达 5680 万元。其次，爆炸事故造成的人员伤亡及直接经济损失仅次于火灾灾害。因此，本书主要研究火灾这一灾害类型在超深地下公共空间中的影响。

2.1.2 安全事故风险评估

结合调查研究，地下公共空间的风险评估应该从事故发生的概率及事故后果两方面进行考虑，如表 2-4、表 2-5 所示。安全疏散可根据事件发生的概率及事故后果制定相应的措施和管理办法。

表 2-4　事件发生的可能性判定准则

级别	可能性	含义	实例
1	发生概率很小	事件仅在特殊情况下发生	洪水、地震
2	偶尔发生	有时发生，每年发生一次	重大火灾事故、突发性中毒事故、爆炸事故
3	可能发生	每月至每半年发生一次	管道破裂、突发性停电、施工事故
4	经常发生	每周至每月发生一次	电气设备故障、操作失误

资料来源：作者整理

表 2-5　事件后果严重性判定准则

级别	后果	损失（影响）		
		人员	环境	资产（万元）
1	轻微	皮外伤，短时不适	无直接影响	<0.1
2	较小	仅需急救的伤害	局部影响	0.1 ~ 1
3	中等	严重伤害，需医院整治	有较轻环境影响	1 ~ 100
4	严重	丧失劳动能力	环境破坏大	100 ~ 1000
5	重大	1 人死亡或群伤	环境破坏严重	>1000

资料来源：作者整理

2.2 超深地下公共空间火灾原因

和地上建筑物一样，地下建筑也有很多引起火灾的因素。灾难经常发生。地下空间火灾往往危及空间内人员的安全，如烧伤、窒息、中毒等，此外，火灾还会破坏建筑结构，降低其稳定性及安全性。一旦发生火灾，其带来的经济损失是不可估量的。

目前，地铁在地下公共空间中占很大比例，以地铁为例，分析其火灾事故原因对地下公共空间火灾事故原因具有一定的代表性。世界地铁发展已有百余年的历史，而我国从1969年第一条地铁线路在北京建成通车至今，只有50年的历史。本书通过收集20世纪以来国内外的新闻资料以及文献中提及的地铁火灾实例[54-55]，统计各事故发生的时间、地点、原因以及产生的后果，如表2-6、表2-7所示，归纳总结了地铁火灾事故产生的主要原因，如图2-1所示。而地铁作为应用最广泛的

表2-6　国外地铁火灾事故统计

时间	地点	火灾原因	后果
1903年8月	法国巴黎	车厢用木制材料装修	84人丧生
1968年1月	日本东京	机械原因	11人受伤
1971年12月	加拿大蒙特利尔	机车短路	36辆车被毁，司机丧生
1972年	瑞典斯德哥尔摩	不详	车站和4辆车被毁
1973年3月	法国巴黎	第七节车厢人为纵火	车辆被毁，2人丧生
1974年1月	加拿大蒙特利尔	废旧轮胎引起电线短路	9辆车被毁，300m电缆烧断
1974年	俄罗斯莫斯科	车站平台引发火灾	中断运营，无伤亡
1975年7月	美国波士顿	隧道照明线路拉断	中断运营，无伤亡
1976年5月	葡萄牙里斯本	火车头牵引失败，引发火灾	4辆车被毁
1976年10月	加拿大多伦多	人为纵火	4辆车被毁
1977年3月	法国巴黎	天花板坠落引发火灾	无伤亡
1978年10月	德国科隆	未熄灭的烟头	8人受伤
1979年1月	美国旧金山	电路短路	1人丧生，56人受伤
1979年3月	法国巴黎	电路短路	1辆车毁，26人受伤
1979年9月	美国费城	变压器引起爆炸	148人受伤
1979年9月	美国纽约	未熄灭烟头引燃油箱	2辆车毁，4人受伤
1980年4月	德国汉堡	车厢座位着火	2辆车毁，4人受伤
1980年6月	英国伦敦	未熄灭的烟头	1人丧生
1980年	美国纽约	不详	11人受伤
1981年	美国纽约	继电器错误	24人受伤
1981年	美国纽约	电火花	16人受伤
1981年	美国纽约	车盘火花	2人受伤
1981年	美国纽约	车盘火花	没有人员伤亡
1981年	美国纽约	不详	1人丧生，15人受伤
1981年6月	俄罗斯莫斯科	电路原因	7人丧生
1981年9月	德国波恩	人员操作失误导致火灾	车辆报废，无人员伤亡
1982年3月	美国纽约	传动装置故障引发火灾	1车报废，86人受伤

续表

时间	地点	火灾原因	后果
1982 年 6 月	美国纽约	人为纵火	4 辆车毁
1982 年 8 月	英国伦敦	电路短路	1 辆车毁，15 人受伤
1983 年 9 月	德国慕尼黑	电路着火	2 辆车毁，7 人受伤
1983 年 8 月	日本名古屋	地铁站变电所起火	大火持续 3h，3 名消防员丧生，3 名救援队员受伤
1984 年 9 月	德国汉堡	车厢座位着火	2 辆车毁，1 人受伤
1984 年 11 月	英国伦敦	车站站台引发大火	车站损失巨大
1985 年 4 月	法国巴黎	垃圾引发大火	6 人受伤
1985 年	美国纽约	人为纵火	15 人受伤
1985 年	墨西哥城	列车起火	32 人丧生
1985 年 9 月	日本东京	车站停车中机车下部轴承破损发热起火	部分车厢被毁，2800 人紧急疏散
1987 年 6 月	比利时布鲁塞尔	自助餐厅引起火灾	无人员伤亡
1987 年	俄罗斯莫斯科	列车燃烧	无人员伤亡
1987 年 11 月	英国伦敦	机房产生电火花引燃自动扶梯的润滑油	32 人丧生，100 多人受伤，地下二层 2 座自动扶梯和地下一层的售票厅被烧毁
1990 年	西班牙马德里	电线掉落	15 人受伤
1990 年	美国纽约	电缆着火	2 人丧生，200 人受伤
1991 年	俄罗斯莫斯科	电火花	7 人丧生，15 人受伤
1991 年	德国柏林	电火花	无人员伤亡
1991 年 4 月	瑞士苏黎世	机车电线短路，停车后与另一地铁列车相撞起火	58 人重伤
1991 年 6 月	德国柏林	人为纵火	18 人送医急救
1991 年 8 月	美国纽约	列车脱轨	5 人丧生，155 人受伤
1992 年	美国纽约	车盘火花	86 人受伤
1992 年	美国纽约	车盘火花	51 人受伤
1995 年 4 月	韩国大邱	施工时煤气泄漏发生爆炸	103 人丧生，230 人受伤
1995 年 7 月	法国巴黎	炸弹爆炸	30 人丧生，70 人受伤
1995 年 10 月	阿塞拜疆巴库	电动机车电路故障	558 人丧生，269 人受伤
1996 年 6 月	俄罗斯莫斯科	地铁行车发生爆炸	4 人丧生，7 人受伤
1996 年	美国华盛顿	短路引起的爆炸和火灾	无人员伤亡
1997 年	加拿大多伦多	橡胶垫着火	无人员伤亡
1999 年	美国纽约	垃圾着火	52 人受伤
1999 年	荷兰阿姆斯特丹	高速车轨着火	2 人受伤
1999 年 10 月	韩国汉城（今首尔）	列车火灾	55 人丧生
2000 年	加拿大蒙特利尔	电缆着火	无人员伤亡
2000 年	德国柏林	列车火灾	28 人受伤
2000 年	美国纽约	电力供应系统着火	无人员伤亡
2000 年	加拿大多伦多	垃圾收集处着火	3 人受伤
2000 年 2 月	美国纽约	不详	各种通信线路中断
2000 年 3 月	日本东京	列车出轨	3 人丧生，44 人受伤
2000 年 4 月	美国华盛顿	电缆故障	10 人受伤，地铁停运 4h
2000 年 8 月	莫斯科地下通道	恐怖袭击	8 人丧生，117 人受伤

续表

时间	地点	火灾原因	后果
2000 年 11 月	奥地利	电暖空调过热，使保护装置失灵	155 人丧生，18 人受伤
2001 年 8 月	巴西圣保罗	不详	1 人丧生，27 人受伤
2001 年	德国杜塞尔多夫	车顶着火	2 人受伤
2001 年	德国柏林	列车后部灯着火	无人员伤亡
2003 年 1 月	英国伦敦	列车撞月台引发大火	32 人受伤
2003 年 2 月	韩国大邱	人为纵火	198 人丧生，147 人受伤，289 人失踪
2004 年 2 月	俄罗斯莫斯科	恐怖袭击	至少 39 人丧生，70 人受伤
2005 年 5 月	瑞典斯德哥尔摩	不详	12 人受伤
2005 年 7 月	英国伦敦	恐怖袭击	45 人丧生，1000 多人受伤
2006 年 7 月	美国纽约	不详	10 多人受伤
2010 年 4 月	美国波士顿	不详	20 多人呼吸不畅

资料来源：作者整理

表 2-7 国内地铁火灾事故统计

时间	地点	火灾原因	后果
1969 年 11 月	北京区间隧道	电动机车短路	3 人丧生，300 多人中毒
1990 年 7 月	四川铁路隧道	列车油罐爆炸起火	4 人丧生，20 人受伤
1994 年 6 月	台北	变电室起火	3 名消防员受伤
1998 年 7 月	湘黔铁路隧道	液化气槽车爆炸	4 人丧生，20 人受伤
1999 年 7 月	广东	设备故障	直接损失 20.6 万元
2002.11 月	北京东直门	地铁意外事故	无人员伤亡
2004 年 1 月	香港隧道	人为纵火	14 人不适送医
2004 年 2 月	北京地铁站	工人电焊明火引燃木板	无人员伤亡
2005 年 8 月	北京地铁站	风扇线路短路	司机轻伤
2006 年	北京 13 号线	电缆着火	停运 1h
2008 年	上海桂林路站	线路故障	损失 4500 元
2008 年 12 月	西安隧道	切割钢板，引燃防水材料	19 人送医
2009 年 1 月	西安隧道	切割钢板，引燃防水材料	无人员伤亡
2009 年 1 月	上海 11 号线隧道	电气设备短路	1 人丧生，6 人受伤
2009 年 5 月	西安隧道	防水材料被引燃	1 人轻伤
2009 年 5 月	上海 1 号线隧道	电路故障	无人员伤亡
2009 年	上海 2 号线科技馆站	广告箱故障	引起火警
2009 年	上海 2 号线中山公园站	电流不畅引燃绝缘片	引起火警
2009 年 12 月	上海 1 号线地铁站	变电箱起火	无人员伤亡
2009 年 12 月	广州地下通道	电线短路	无人员伤亡
2010 年 11 月	深圳地铁站	不详	1 冷却塔被烧毁
2010 年 12 月	北京地铁站	不详	无人员伤亡
2011 年 1 月	广州地铁站	人为纵火	4 人轻伤
2011 年 8 月	上海 3 号线地铁站	电容器起火	无人员伤亡
2011 年 12 月	上海 10 号线地铁站	隧道线缆短路	无人员伤亡
2012 年 10 月	杭州隧道	不详	无人员伤亡
2012 年 11 月	广州 8 号线区间隧道	电线系统短路	4 人轻伤

资料来源：作者整理

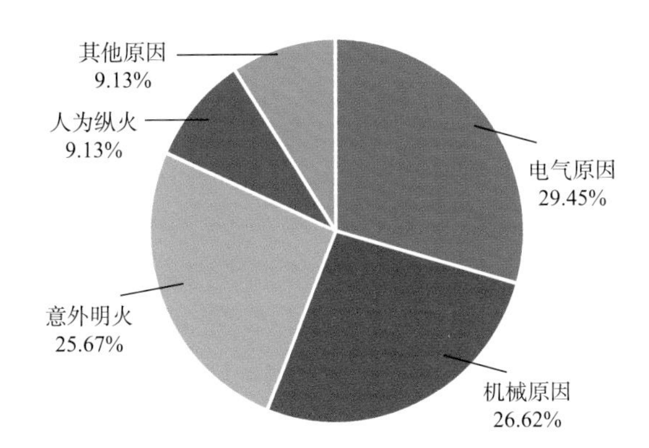

图 2-1　地铁火灾事故原因分析图

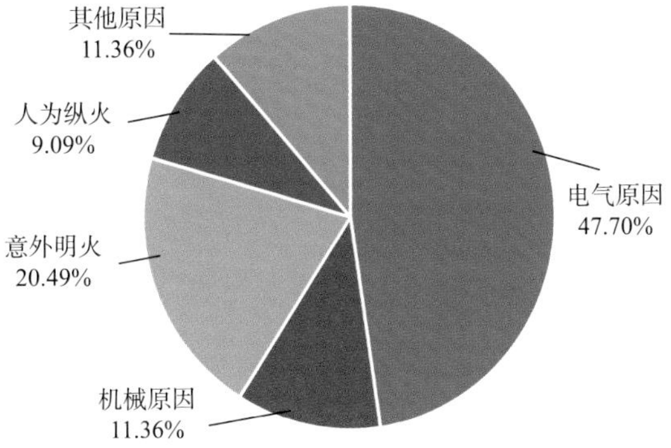

其他原因
11.36%
人为纵火
9.09%
电气原因
47.70%
意外明火
20.49%
机械原因
11.36%

图 2-2　地铁站、隧道火灾事故原因分析图

一种地下公共空间类型，其火灾事故的探究也能从一定程度上为超深地下公共空间的防火研究提供基础数据。

根据表 2-6 和表 2-7，地铁起火原因可归纳为电气原因、机械原因、意外明火、人为纵火、其他原因等五种。表中统计的国内外共 106 起火灾事件中，电气原因引发的火灾高达 31 起，占 29.45%；机械原因 28 起，占 26.62%；意外明火 27 起，占 25.67%；人为纵火 10 起，占 9.13%；其他原因（含不明原因）10 起，占 9.13%，如图 2-1 所示。

地铁火灾事故位置多起发生在地铁站和隧道，在国内 27 起事故中占 88.9%，在国外 79 起事故中占 25.3%，共 44 起。再次对这 44 起事故原因进行分析，电气原因 21 起，占 47.7%；机械原因 5 起，占 11.36%；意外明火 9 起，占 20.49%；人为纵火 4 起，占 9.09%；其他原因 5 起，占 11.36%，如图 2-2 所示；这些数据对超深地下公共空间火灾的原因分析具有一定借鉴意义。

本书根据互联网新闻资料，统计了近几年我国地下商场火灾发生的时间、原因及损失，总结火灾的主要原因，如表 2-8 所示。与地铁火灾事故中在隧道、站台起火的原因类似，忽略消防实战拉练，电气故障、人为原因、明火、易燃物堆积等为主要原因。结合二者火灾事故原因为超深地下公共空间的防火研究提供基础数据，主要集中在以下几个方面：

表 2-8　地下商场火灾事故统计

时间	商场	原因	损失
2016 年 3 月	绵阳金柱圆地下商场	易燃物堆放	无人员伤亡，财产损失惨重
2016 年 12 月	郑州“新世界百货”	餐厅爆炸引发商场火灾	无人员伤亡，47 人紧急疏散
2017 年 10 月	广裕街地下商场	易燃物品堆放	无人员伤亡
2017 年 12 月	耒阳市五一广场地下商场	消防意识缺乏	无人员伤亡，财产损失惨重
2018 年 6 月	四川达州一批发市场	负一楼库房可燃物多	1 人丧生
2018 年 12 月	石嘴山市佰德隆地下超市	消防实战拉动演练	无人员伤亡
2019 年 1 月	汉中市中心地下商场	消防实战拉动演练	无人员伤亡
2019 年 5 月	莱芜凤城西大街地下商场	易燃物堆放	无人员伤亡，财产损失惨重
2019 年 7 月	芜湖市镜湖区苏宁广场	地下车库 2 层轿车起火	无人员伤亡
2019 年 9 月	秦皇岛人民广场地下商城	地下酒吧发生火灾	无人员伤亡
2019 年 9 月	秦皇岛银谷地下商城	电气故障	无人员伤亡
2019 年 9 月	重庆朝天门童装城	货物堆放	无人员伤亡
2019 年 10 月	浏阳市一超市	未熄灭烟头	2 人丧生
2019 年 10 月	忻州市大型商业综合体	开展夜间地下建筑实战拉动演练	无人员伤亡
2019 年 12 月	大连市凯旋地下商场	地下 B1 层临时库房包装用品起火	无人员伤亡

资料来源：作者整理

1. 人为因素

在超深地下公共空间中，人员有意或无意进行的一些危险行为，如吸烟、用火以及携带易燃易爆物品，可能引发火灾事故的发生。如地铁站，人流量会在上下班时间段出现峰值，人员一旦做出危险行为，造成的后果将是无法估计的。在设有检查口的地下公共空间，可通过加强监管力度降低危险行为的发生几率，但完全开放的地下公共空间，很难避免此类问题的出现。

2. 管理缺陷

城市地下空间无论是规划建设初期还是后期运营管理都涉及多个单位的协同工作，如建设方需根据规范方提供的规划地块的设计方案交给施工方进行施工建设，交付后产权的权属及租赁以及物业管理方面都需要多方的协调。不同类型的地下空间设施所属的管理方也不同，例如上海市，规划、建设部门负责对地下工程安全审批，民防部门负责民防工程的安全，申通地铁集团公司负责地铁、隧道的安全，电力、煤气、通信部门负责地下管线的安全，安监、卫生、工商等负责地下商场、地下旅馆及娱乐设施的监管，物业公司、建筑物所在的管理单位对下属的地下车库负有安全管理责任[56]。在管理多头化的情况下，监管力度及全面性存在缺陷，各部门协调管理有待加强。另外由于管理维护措施不当可能出现电气线路的过负荷、短路以及漏电，影响电缆与电气设备的正常运行，进而导致火灾事故的发生[57]。

2.3 超深地下公共空间火灾特点及危害性

2.3.1 火灾特点

超深地下公共空间通常是一个循环的面积较大的封闭空间，能抵御一定的外界的自然灾害，保护内部空间不受侵害。然而，当其内部发生灾害事故时，危险性往往比地上的公共建筑更大，损失也更大，从而带来严重的后果。在建筑设计阶段设计人员就会遵循相关规范设计好其防火性能，但是由于规范的缺乏以及地下公共空间自身的防灾复杂性及困难性，使得地下空间的消防措施只能处于理论保障阶段，一些隐患可能会被忽略，在实际状况下，发生火灾后地下空间的各种防火性能可能产生不利于人员安全疏散和火灾扑救的情况，从而造成更严重的人员伤亡和财产损失[58]。

1. 烟气浓度大、温度高

地下空间属于较封闭的空间，仅通过数量有限的楼梯、风亭与地面相通。火灾发生后，因其地下公共空间的出口以及排烟孔口的局限性，又因依靠机械排烟，排烟功率较为固定，因此发生火灾时燃烧产生的大量热烟积聚，散热缓慢，当火势发展到猛烈阶段，温度骤升，火源处可达1000℃以上。且地下空间极易发生阴燃，产生大量烟雾以及一氧化碳等有害气体，烟气的浓度一旦超过一定含量将导致疏散不及时的人员中毒或窒息，另外烟气的蔓延速度和范围超过火势的蔓延，将降低能见度，加大人员疏散困难程度。

2. 范围扩散广

火灾发生后，产生的火风也会随着烟气温度的升高而加大，造成火灾区域的迅速扩大。高温烟气热浮力的驱动下，将通过所有上行通道进行垂向蔓延至起火层上部各层。研究表明，地下空间火灾由于空气的流动特性以及阴燃状态，相对地面建筑更容易较早出现轰燃现象。火灾所引发的爆炸事故将对结构的稳定性及安全性造成破坏。

3. 救援难度大

消防人员想要进入地下空间实施救援，没有另外的安全通道，只能从疏散人员逃生的通道逆向进入，可能造成人流冲撞引发更大的次生灾害，消防人员的及时性和有效性就不能保证。并且大型灭火设备无法进入现场，无可借助的外部灭火设施，只能通过空间内所设置的消防设备进行扑救。

与高层建筑相比，地下建筑受其特殊的物理环境限制，通常工程的逃生出口和路线比地面建筑少，且逃生方向为从下往上。同时，火灾发生时位于地下的人员其疏散方向与烟气蔓延方向一致，增加了地下空间火灾的危险性。进行疏散设计时，现有规范中不允许将电梯作为应急疏散方式，而在超深地下公共空间中如果仅仅依靠传统的疏散楼梯进行疏散，动辄几十米的垂直高差要求老年人和残疾人等弱势群体通过向上爬楼梯来疏散缺乏可行性，难以保证人员在短时间内疏散完毕。通过徒步爬楼梯的方式人流向上疏散所花时间大于相同条件下高层建筑向下疏散时间，疏散效率低下，并且在深于 50m 的地下空间中，垂直方向的高差大，人员从工程内部疏散到地面安全区域的移动距离远，疏散用时相应延长。地下空间的封闭性造成空间内部难以实现自然采光与通风，因此相较于传统地面建筑，人员心理压力增加，疏散难度更大。

2.3.2 火灾危害性

目前超深地下公共空间多以地铁、地下商场等空间形式出现，通常位于城市较繁华、人员流动较大的中心区域。这些区域一旦发生火灾将造成大面积伤害，人员伤亡大，财产损失严重。

1. 易造成大量人员伤亡

超深地下公共空间以其公共性和社会性，人员较为密集。而多数地下商城、娱乐场所内部结构复杂，据调查，几个大型的地下商业中心在节假日期间的日客流量可达 15 万～ 20 万人次。又因其建筑特性造成安全通道、疏散楼梯及安全出口设置狭窄及数量较少，造成了大量的人员流动与狭小安全通道之间的矛盾。同时，在火灾的紧急情况下，超深地下公共空间中的外来人员对安全通道及疏散楼梯的位置不熟悉，增加了恐慌情绪造成行动的混乱，也增加了安全疏散的困难程度 [59]。火灾发生时，日常生活用电往往被损坏，因缺乏自然照明，在有毒、高温烟气中仅仅依靠应急照明逃生，困难重重。因为人员拥挤，若此时疏散通道有障碍物阻塞，不仅疏散受到严重影响，还有可能发生人员踩踏事故。

2. 易造成重大经济损失

根据空间使用性质，以及商业、文化区域特性，超深地下公共空间开设有地下购物广场、大型仓库等。这些行业所需使用面积大，而且储存的物资种类繁杂、数量庞大 [60]。由于内部的装修、设备的配置、较多的物品，在发生火灾时，高温、烟熏、火烤、炭化伴随而至，抢搬和疏散这些物品几乎不可能。因此，在发生火灾的地下公共建筑中的物品，就算是没有被火直接烧过，因为高温及烟熏等也基本失去了其应有的价值。

2.3.3 烟气蔓延途径

烟气的组成成分复杂，是含有三种物质形态的燃烧产物与空气的混合物，包括含大量热量的气态物质，如水蒸气、一氧化碳、二氧化碳、二氧化硫等，固态物质如不完全燃烧产生的极小的炭黑粒子等。烟气温度以及空气的气流方向直接影响烟气的扩散流动速度。烟气在水平方向的扩散流动速度，在火灾初期阶段一般为 0.3m/s，猛烈阶段为 0.5 ～ 3m/s；在垂直方向的扩散流动速度比水平方向上的大，一般为 3 ～ 4m/s。烟气能引发疏散人员中毒、窒息及高温热损伤的同时还会降低空

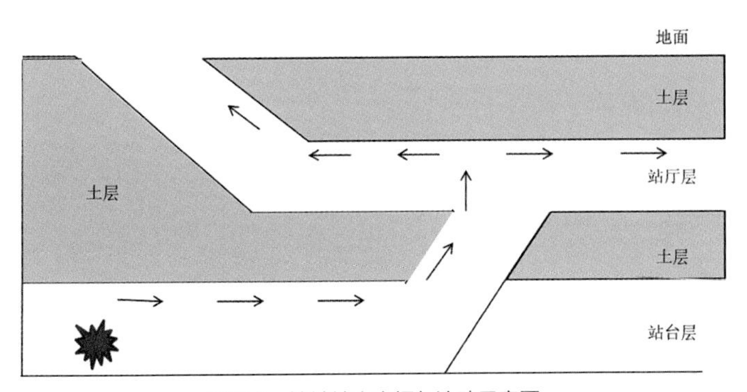

图 2-3　地铁站火灾烟气流动示意图

间能见度，影响人员视线。当能见度不低于5m时，在充满烟气的情况下人依然能根据现场状况或周围环境选择正确的逃生方向，脱离险境，但一旦能见度降到3m以下，人要想依靠周围环境判断逃生方向进行安全撤离将非常困难。

超深地下公共空间，各层之间存在高差，因此火灾烟气流动既有水平方向蔓延，也有竖直方向上的扩散。若没有及时很好地控制烟气的扩散，当烟气充满挡烟垂壁控制范围，并下降到超过挡烟垂壁下端时，会在水平方向上扩散到相邻防烟分区以及在竖直方向上通过楼梯口或其他通道蔓延到上层空间[61]，烟气将通过各个通道洞口充满起火层及其以上的各层空间（图2-3）。

2.4 超深地下公共空间影响人员疏散的因素

2.4.1 自身因素

地下空间中火灾发生之后，不同人群的反应会有差异。这些差异主要是由人员的个体特性造成的，例如年轻与否，体格强健与否，反应快速与否，对火灾的敏感性，性别，文化程度高低以及与周围人群是否熟悉等。最主要的影响因素有以下几个方面：

（1）年龄。人员的年龄差异是导致很多火场人员疏散方面不同结果的主要因素。年龄直接影响人员觉察火灾的灵敏性以及逃生的速度。一般来讲，青壮年的体格比老年人和儿童都要强健，步行速度也要快很多，其对于火灾线索反应、火源的判断以及逃生出口选择的准确性也相对要强。在各项年龄数据统计中，老年人和儿童在火灾中伤亡人数较多（表2-9），这是由于这两个年龄段既不能对火灾做出及时反应，行动速度又限制了其不能迅速撤离火场。在节假日，多数地下商业空间中，老人、妇女、儿童和外来人员占多数，一旦发生火灾极易造成混乱，同时这些人又缺少消防安全知识和自我保护能力，只能等待救援。

（2）性别。不同性别的人在安全疏散过程中行为表现不同。有调查发现，在积极采取措施扑救火势以及寻找安全出口等方面，男性比女性有较大的优势，主要表现在寻找并扑救火源、电话报警、帮助弱势群体逃生、使用消防设备等方面。

（3）人员关系。人员之间的社会关系如家人、亲属、朋友、同事等也会对疏散造成影响，当身边是熟悉的同伴时会保持群体行动，等全部成员都做好逃生准备后才会离开。

另外，人员本身的感官系统也存在差异，有的嗅觉灵敏有的听觉灵敏，判断火灾的能力也有所不同。在发现火灾之后，人员不可避免产生恐惧心理（表2-10），从而引起从众、冲动、侥幸等心理状况，也会影响到逃生决策，进而影响疏散效率。

表2-9　不同现场条件下四类人群的疏散速度

人员类型	不同现场条件下人员疏散速度（m/s）		
	平坦地面且无烟	平坦地面且有烟	不平坦地面且有烟
儿童	0.80	0.78	0.67
老年人	0.72	0.70	0.60
成年男性	1.20	1.17	1.00
成年女性	1.00	0.97	0.80

表 2-10　人员疏散特性

疏散特性	特性说明	分析
归巢特性	当人遇到问题时会本能地原路折返，或找最习惯的途径以求逃脱	原路折返将造成主要出入口拥堵，其他出入口较少人使用，使疏散逃生时间增长
从众心理	在恐慌状态下易失去主观判断，倾向多人同行获得安全感	若由熟悉环境的人适当引导，或可减少逃生时的混乱及伤亡
向光特性	由于火灾烟气弥漫，可见度低，人们具有向明亮方向移动的倾向（火源方向除外）	超深地下空间没有自然光的引入，故应急照明、疏散标识是引导人员逃生的手段
习惯特性	对于常使用的空间熟悉，灾害时选择熟悉但可能较危险的路径而放弃不熟悉的较安全环境	特定人员如工作人员对环境较一般人员熟悉
鸵鸟心态	在危险接近但无法应变时，有逃往狭窄角落方向的行动，以减少危害，等待救援	被动地等待救援，可能错过最佳安全疏散时间
高压失能	在高度压力下往往只能选择与接收最简单的信息	在疏散指示标识的引导上，应以简单明了的文字或图案表达
潜能发挥	当处于危险状态中时，能爆发出超强的力量，排除障碍而逃生	极少数可能出现的情况，如果出现，在疏散过程中或可起到积极引导的作用

2.4.2 外界因素

1. 空间局限

超深地下公共空间的环境局限性，决定了人员疏散路径以及疏散模式的单一性，并且除安全疏散通道外，无其他安全设施或紧急避难场所。突发火灾时，大量人员涌入狭窄的通道和楼梯，空间有限，视线不清，将严重影响人员快速逃生，还可能引发踩踏事故等一些次生灾害。

2. 疏散方向特殊

地上建筑火灾发生时人员疏散方向向下，体力方面不是重要考虑因素。与地上建筑的疏散方向不同，地下空间一旦发生火灾，烟气随着各个通道向上蔓延与人员疏散方向相同，加大了疏散难度，导致其火灾危险性大于地面建筑。

3. 垂直高度深

超深地下公共空间一般建于地下 50m 以下，如重庆轨道 10 号线红土地站埋深达 94.467m，相当于 31 层楼的高度，从站台底层经过 4 段扶梯，到达轻轨站地面入口，共耗时 3.25min。一旦突发火灾事故，人员仅凭自身体力往地面逃生，且处于陌生的环境，在此情况下安全疏散的概率极低。

2.5 案例分析

1. 案例一：地下商场火灾事故

2000 年 12 月 25 日 21 时 35 分，河南省洛阳市老城区东都商厦发生特大火灾事故，事故造成 309 人中毒窒息死亡，7 人受伤，直接经济损失 275 万元。事故发生后，党中央、国务院高度重视。东都商厦地上 4 层，地下 2 层，设有 4 部楼梯，总建筑面积 17900m^2。东都商厦二层、三层和地下二层以娱乐为主，东都娱乐城舞厅面积为 460m²，纳客定员 200 人，另有 7 间 KTV 包房，面积 100m²。事故源头在地下二层，起火经过如图 2-4 所示。

地下商场属于非法施工，施焊人员无焊工资质、违章作业，对易燃、易爆等危险物品处理错误，电焊火花溅落到地下二层的可燃物上引发此场火灾。火灾初期肇事者及相关管理人员未及时采取措施控制火情，不报警也不通知人员撤离，从而造成严重的后果。

2. 案例二：地铁火灾事故

2003 年 2 月 18 日，韩国大邱市地铁因人为纵火造成 198 人死亡，147 人受伤，318 人失踪。此次火灾是人为故意纵火造成的，但从事故现场站台到地铁站地面出口步行只需 2min，事故却造成如此大的伤亡有多方面因素。事故源头发生在地铁 2 号车厢，起火经过如图 2-5 所示。

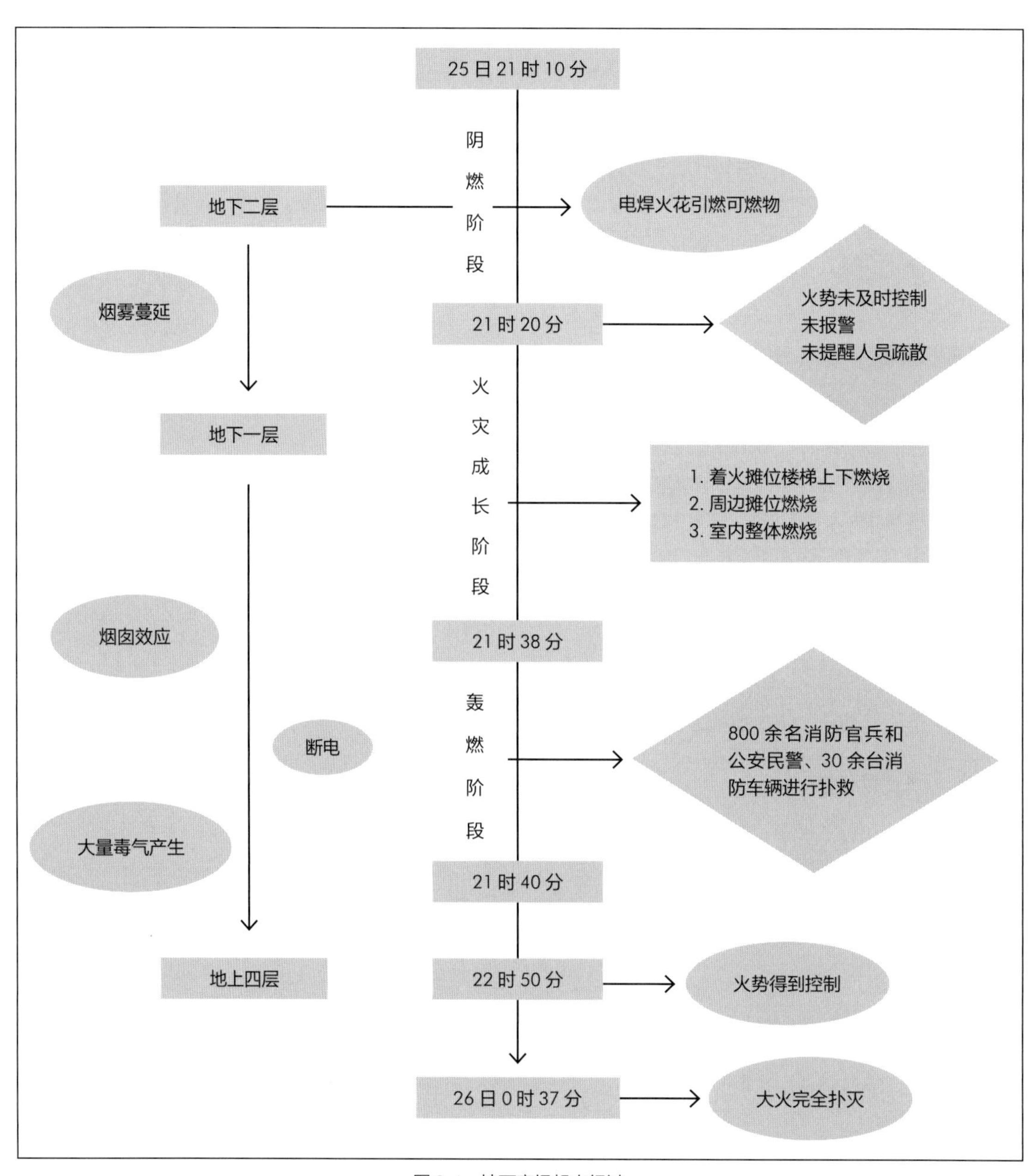

图 2-4 地下商场起火经过

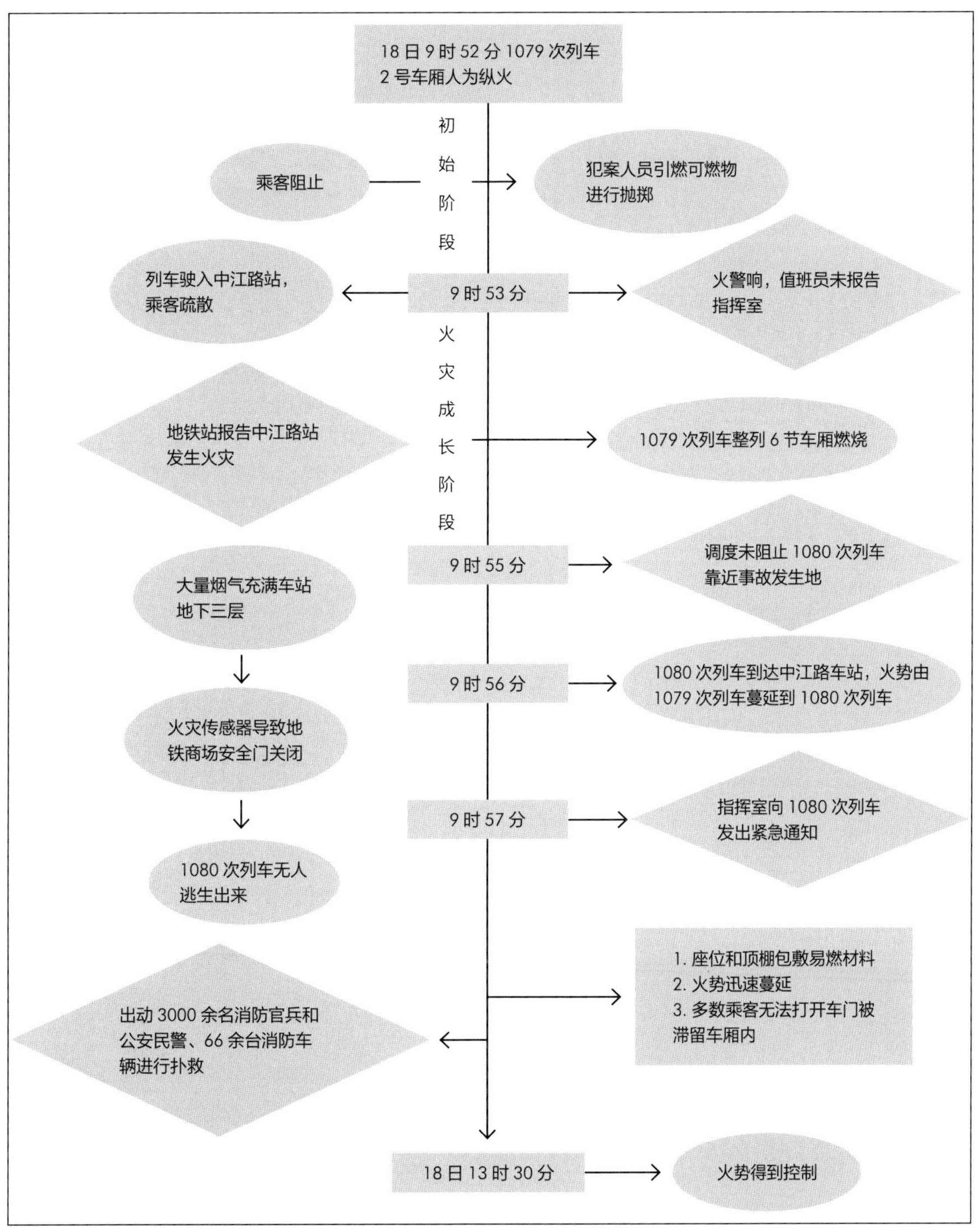

图 2-5 地铁火灾事故经过

此次火灾主要是由于安全设备不足，尤其是自动淋水灭火装置在事故发生后应付火灾明显不足，导致火势初期没有及时得到控制，在封闭空间迅速蔓延，并产生大量含有毒成分的浓烟造成人员窒息死亡。

3. 案例三：地下车库火灾事故

2011 年 8 月 30 日凌晨 4 时 30 分许，湖北省黄石市西塞山区江天世纪苑小区地下车库发生火灾，造成 5

台摩托车、2 台电瓶车和部分保温材料被烧毁，16 辆私家小轿车不同程度地受到烟熏，过火面积约 80m²，直接经济损失 2 万余元，无人员伤亡。

2017 年 12 月 6 日晚上，海南省海口市龙昆南路某公寓的地下车库突发大火，火灾造成现场大约 6 辆车受损。火灾发生后，引发了市民对地下车库消防安全的关注。据悉，近年来，海口已发生多起地下车库火灾。

这两起火灾事故主要是由于地下车库人员管理不严格，各类消防设施基本处于停用状态，存在重大隐患，而车库的出入口被占用，对人员及车辆疏散造成阻碍。相对于地面建筑来说，地下车库排气孔面积较小，散热性能比较低，另外汽车内部装饰以及汽油又是易燃材料，一旦发生火灾，车库内温度上升，空气体积膨胀，易引发爆炸事故，引起更大范围的火灾事故，从而造成严重的后果[62]。

4. 事故分析

分析地下空间的三种典型火灾案例发现，地下商城火灾是施工人员的非法施工以及不当操作引起，地铁火灾则直接由人员恶劣纵火导致，而地下车库火灾事故多数因人员管理不当造成，可见人为因素往往是引发火灾事故的主要原因。而有毒烟气的危害是造成大量人员伤亡的直接因素。另外，消防安全管理混乱、消防设备设施不足、消防通道被占用、安全意识不足、安全教育流于形式等都是进一步扩大火灾形势的间接因素。地下空间相对封闭，与地面建筑火灾相比更具危险性。一旦发生突发事故，人员伤亡、经济损失以及社会影响都将十分巨大。地下空间的火灾影响主要有以下两个方面：

（1）对疏散人员的影响。地下建筑因其密封性好，火灾后大量物质燃烧产生浓烟和大量有毒气体，这些有毒气体达到一定浓度后可引发头痛、神志不清、肌肉调节障碍甚至窒息等后果，同时蓄热温度随之升高，产生高热烟气流。而地下空间火灾初期极易发生阴燃，当空气对流时发生轰燃，火势迅速扩散，蔓延到整个空间形成大范围的燃烧甚至是引发大面积垂直伤害，给在场的人员造成极大的危险。而多数地下公共空间人流量大，人员密集，并且空间埋深大，疏散路径有限，疏散距离过长，疏散瓶颈多，同时照明不足影响视觉，因此安全有效地组织人员疏散难度很大。

（2）对消防人员的影响。消防人员从有限的同时兼作疏散的出入口进入，消防工作展开困难。消防人员对于地下空间火情判断困难，无法在建筑外部依据火光、烟雾等状况直观地判断火场的位置以及火势的大小，增加了救援难度。灭火设备的使用也有一定局限性，例如在地面火灾中灭火效果理想的卤代烷、二氧化碳灭火剂等则不能使用，这些将更容易导致人员窒息。此外，地下空间信号较弱且水和高温对通信设施造成一定影响，使人员联络困难，救援协调工作难以进行。

超深地下公共空间的火灾影响对于疏散人员和消防人员都有巨大挑战，同时对社会、经济也造成损害，因此在研究超深地下公共空间安全疏散的过程中，对地下空间火灾特性分析研究以保障地下公共空间的消防安全有重大意义。

第3章

超深地下公共空间人员安全疏散设计

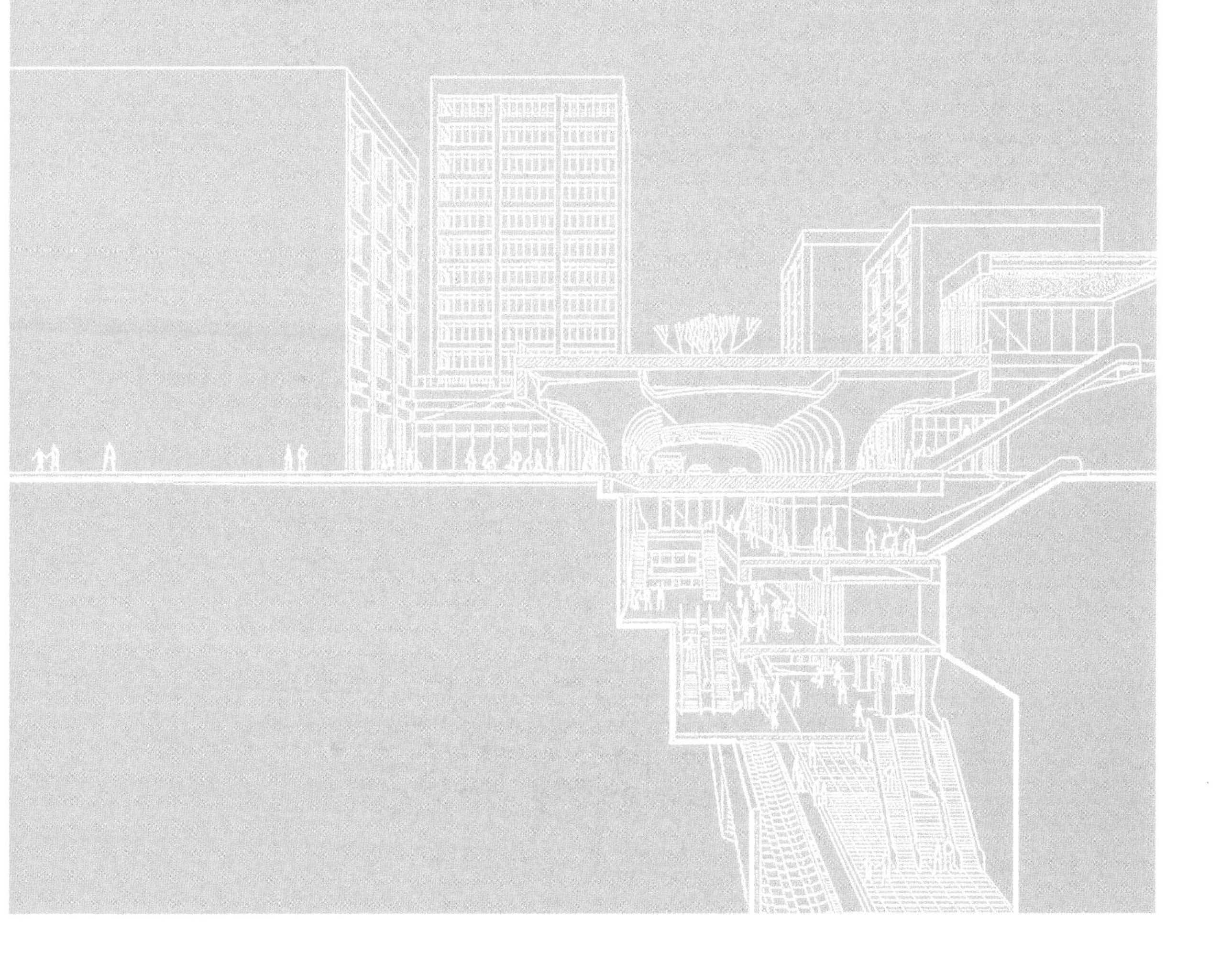

《建筑设计防火规范（2018 年版）》GB 50016—2014 中第 5.4.9 条规定："歌舞厅、录像厅、夜总会、卡拉 OK 厅（含具有卡拉 OK 功能的餐厅）、游艺厅（含电子游艺厅）、桑拿浴室（不包括洗浴部分）、网吧等歌舞娱乐放映游艺场所（不含剧场、电影院）不应布置在地下二层及以下楼层。"对于以往的粗犷型开发而言，地下 10m 内的空间用作车库、地下商场等功能时能较好满足相关规范中的疏散要求，人员能在短时间内疏散至地面。随着地下空间开发利用的相关技术越来越成熟，目前的开发利用具备了向大埋深地下工程发展的条件。交通建设上的地铁、海底隧道等工程中也会遇到超深地下空间的合理利用和安全疏散问题。同时，由于人通过楼梯从下往上的疏散方式对于人的体能挑战不小，而一直以来，电梯作为疏散工具的可行性一直没有明确的定论，所以对于深度超过 50m 的地下空间人员的安全疏散设计，需要进一步研究。

3.1 超深地下公共空间人员安全疏散举措

对于超深地下公共空间而言，评价人员能否安全疏散，主要是看可用的安全疏散时间与必需安全疏散时间之间的数学关系。如果"剩余时间 = 可用安全疏散时间 –（疏散准备时间 + 疏散行动时间）> 0"，则人员能够安全疏散。在评价地下空间的安全性时，其剩余时间越长，即可视为其安全性越高；反之，如果剩余时间为负，表明人员在可用的安全疏散时间内无法疏散完毕，则可判定该安全疏散不合格。设计人员在进行安全疏散设计时，只需保证火灾发生时地下所有人员能在设计的安全疏散时间之内疏散完毕即可。安全疏散设计最终目的是保证人员必需安全疏散时间 RSET（required safe egress time）小于火灾发生至危险状态所需时间 ASRT（available safe regress time）（图 3-1），即 $T_{\mathrm{RSET}} < T_{\mathrm{ASRT}}$[63-64]。

3.1.1 延长可用安全疏散时间

在考虑地下公共空间的安全疏散设计时，应尽量延长可用安全疏散时间，为被困人员提供更多的时间保障。根据工程用途、埋深的不同，可用安全疏散时间 ASET 也不相同。如我国《城市轨道交通技术规范》GB 50490—2009 第 7.3.2 条中规定："当发生事故或灾难时，应保证将一列进站列车的预测最大载客量以及站台上的候车乘客在 6 分钟内全部撤离到安全区"。火灾中可用安全时间最主要的决定因素是温度与烟气，如果采取一定措施，使火场中温度和烟气始终保持在安全水平以上或者达到危险等级所需的时间延长，即能为人群安全疏散提供更多的时间。火灾中人员安全与否主要与一氧化

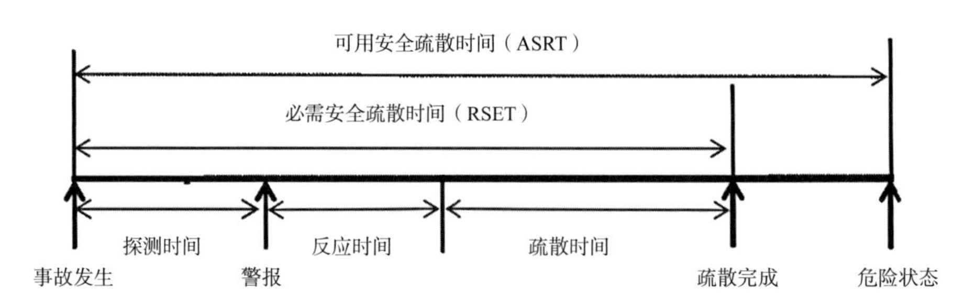

图 3-1 火灾发展与人员疏散时间关系

表 3-1　人员生命安全的计算判据

参数	极限值		实际中参考值	
冷空气层的高度（m）	1.5		≥2.0	
热气层的温度（℃）	300		≥180	
距地板 2m 内的温度（℃）	65		≥60	
距地板 2m 内一氧化碳的体积分数（%）	0.14		≥0.05	
能见度（m）	5		≥10	
建筑物	民用建筑		公共建筑	
耐火等级	一、二级	三、四级	一、二级	三、四级
可用安全疏散时间（min）	6	2	5	3

数据来源：王晓华 . 超高层建筑防火疏散设计的探讨 [D]. 湖南大学学位论文 .

碳浓度，温度以及火场的能见度三个方面的因素有关。三种因素下人体所能承受的极限值可参考表 3-1[65]。

根据人体对辐射热耐受能力的测试研究数据，人体对火灾环境的辐射热的耐受极限为 2.5kW/m^2，当烟气层的辐射热为 2.5kW/m^2 时，其温度范围为 180 ～ 200℃，烟热温度超过 43.3℃，就会使人有生命危险 [66]。如图 3-2 所示，火灾发生主要有 4 个阶段，火场温度在经历初期增长后达到轰燃条件，平均温度迅速上升，并在充分发展阶段达到最高，随后逐步减弱。初期增长阶段时间长短的决定因素是可燃物的数量，需在火灾初期将火势控制在一定区域内阻止其蔓延。因此，在关键节点处应采用防火玻璃或防火墙进行隔断，同时周边的建筑材料也应满足防火要求。根据我国相关规范的要求，防火玻璃的耐火极限性能应符合表 3-2 中的要求。由表中可以看出，采用防火玻璃等防火材料进行隔断，能有效减缓火势扩大的速度，延长可用的安全疏散时间。

此外，地下公共空间发生火灾时所产生的大量有毒烟气也会缩短可用的安全疏散时间。有研究表明，空气中氧含量降至 15% 时，人体肌肉活动能力下降；降至 10% ～ 14% 时，人体四肢无力，判断能力低，易迷失方向；降至 6% ～ 10% 时，人即会晕倒，失去逃生能力 [67]。因此，地下公共空间中灭火系统和防排烟设施也是保障人员安全疏散的关键。合格的灭火系统在火灾

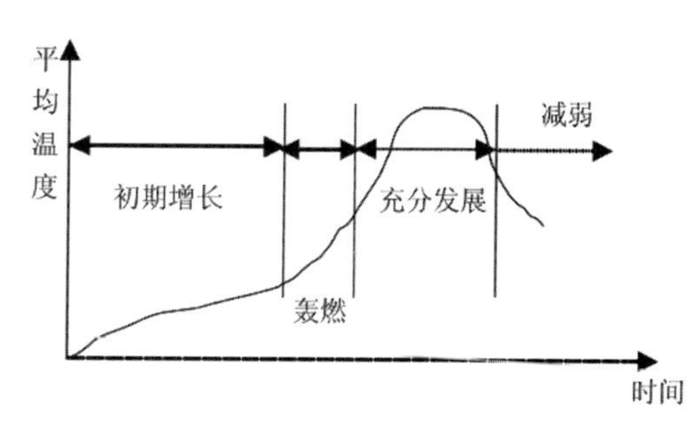

图 3-2　火灾发生的四个阶段

表 3-2　各类玻璃耐火性能

分类名称	耐火极限等级	耐火性能要求
隔热型防火玻璃（A 类）	3.00h	耐火隔热性时间≥3.00h，且耐火完整性时间≥3.00h
	2.00h	耐火隔热性时间≥2.00h，且耐火完整性时间≥2.00h
	1.50h	耐火隔热性时间≥1.50h，且耐火完整性时间≥1.50h
	1.00h	耐火隔热性时间≥1.00h，且耐火完整性时间≥1.00h
	0.50h	耐火隔热性时间≥0.50h，且耐火完整性时间≥0.50h
非隔热型防火玻璃（B 类）	3.00h	耐火完整性时间≥3.00h，耐火隔热性无要求
	2.00h	耐火完整性时间≥2.00h，耐火隔热性无要求
	1.50h	耐火完整性时间≥1.50h，耐火隔热性无要求
	1.00h	耐火完整性时间≥1.00h，耐火隔热性无要求
	0.50h	耐火完整性时间≥0.50h，耐火隔热性无要求

数据来源：《建筑用安全玻璃　1：防火玻璃》GB 15763.1—2009

初期能有效控制火灾蔓延及发展，进而能有效控制因火灾产生的烟雾、一氧化碳等有毒气体。而防排烟设备能限制已经产生的烟气在地下密闭的空间中流动，排出已经扩散到楼梯间等人员疏散的“生命线”区域中的有毒气体。目前常见的防烟方式有：

（1）不燃化防烟。即在地下采用不燃或者难燃的建筑材料，消防设施设备供电电缆采用矿物绝缘电缆等，控制地下可燃物的数量。

（2）密闭防烟。多见于防烟楼梯间，通过设置消防前室阻止烟气流通，保证将烟气和有毒气体控制在一定密闭的空间内，防止气体在建筑内部大范围扩散。

（3）阻碍防烟。即运用挡烟垂壁等设计阻碍烟气在相邻防火分区流动。通过在烟气扩散途径上设置障碍，能较好地起到防烟效果。

3.1.2 缩短人员应急反应时间

人员的反应时间是指从火灾发生后到人员听到火灾警报声开始疏散这一段时间。由于地下特殊的物理环境，火灾发生后离着火点较远的人群难以在短时间内知晓火灾发生，因此地下公共空间中火灾事故的检测与报警，是及时发现火警和扑灭初起火灾的重要环节。地下工程的消防报警系统由多种设备共同构成。以重庆市某地下人防商场为例，商场配置了视频监控 1 台，摄像头 48 个，火灾报警控制器 1 台，报警点位 364 个，光电感烟火探测器 217 个、消防控制模块 88 块，感温式喷头 463 个、消防广播扬声器 67 个、DFB-3G 型三相低压电气报警器 19 台等设备，搭配自动喷水灭火系统、室内消火栓，可形成比较完整的防火、灭火系统。当火灾探测器探测到险情时，火灾自动报警器中的烟感、温感探测器能收集火灾燃烧物初起燃烧所产生的烟气、热量，将之转化为电流信号传递给火灾报警主机，火灾报警器立即以声、光、图、电流等形式报警，通知所有人员马上疏散。在地下公共空间中除了自动火警装置外还应搭配设置手动报警装置。为保证地下人员发现火灾时能就近人工报警，手动报警装置应设置在醒目且方便接触的位置。采用自动和手动两种报警方式能确保在第一时间发现火情，以达到缩短人员反应时间的目的。在面积较大的地下公共空间发生消防险情时，消防控制中心应立即通过消防广播系统第一时间向建筑内人员通报火灾情况并组织人群有序疏散，避免大量不明情况的被困人员恐慌，引起混乱。消防广播系统应布局合理无死角，保证火灾发生时能让所有人员第一时间获知火灾消息明确火源位置。为应对火灾时可能的停电，消防广播系统应配备应急电源。

3.1.3 减少人员疏散行动时间

人员的行动时间受多种因素影响，减少人员疏散的行动时间，让被困人员尽快全部逃离火场是最直接有效的安全措施。人员在火场中停留得越久，其遇险的可能性就越大。延长可用疏散时间主要依靠选取合适的建筑材料等被动式设计手段，而减少人员的行动时间则需要从以下几个方面入手：

1. 控制水平疏散距离

地下工程中发生火灾后人员的疏散距离主要由水平疏散和垂直疏散两部分距离构成。人员的垂直疏散距离与工程的埋深相关，受地质环境与施工条件等制约难以进行调整，垂直方向的疏散距离相对固定。而在水平方

表 3-3　各类型建筑安全疏散距离（m）

名称		位于两个安全出口之间的疏散门			位于袋形走道两侧或尽端的疏散门		
		一、二级	三级	四级	一、二级	三级	四级
托儿所、幼儿园、老年人建筑		25	20	15	20	15	10
歌舞娱乐放映游艺场所		25	20	15	9	—	—
教学建筑	多层	35	30	25	22	20	10
	高层	30	—	—	15	—	—
高层旅馆、公寓、展览建筑		30	—	—	15	—	—
其他建筑	多层	40	35	25	22	20	15
	高层	40	—	—	20	—	—

数据来源：《建筑设计防火规范（2018 年版）》GB 50016—2014

图 3-3　青岛胶州湾隧道入口

向的疏散距离主要由工程面积和出入口位置共同决定。根据《建筑设计防火规范（2018 年版）》GB 50016—2014 第 5.5.17 条规定，直通疏散走道的房间疏散门至最近安全出口的直线距离不应大于表 3-3 的规定。

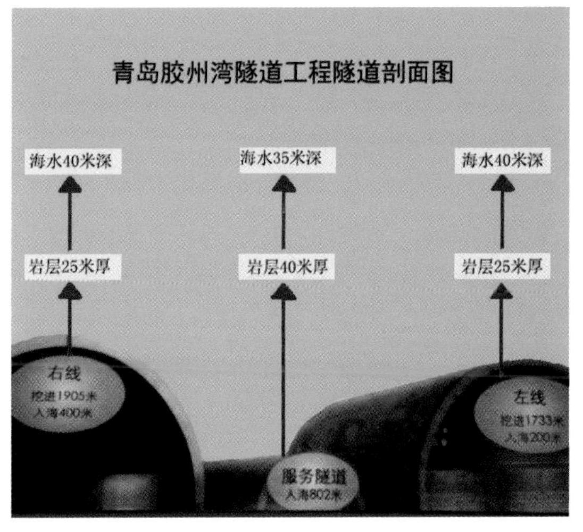

图 3-4　胶州湾隧道剖面图

在面积大而埋深又超过 50m 的地下工程中，新增直通地面的出入口的难度较大，为保证人员疏散距离满足规范要求，国内现有工程提出了针对性的解决方案，并在实际应用中取得了不错的效果。以青岛胶州湾海底隧道为例，该隧道是连接青岛和黄岛两地的海底隧道，内设双向 6 车道，全长 7800m，是目前我国最长的海底隧道（图 3-3）。隧道分为陆上和海底两部分，海底部分长 3950m。工程采用三洞单层的形式，两边大的隧洞为车行道，上方为 40m 深的海水层和 25m 厚的岩石层（图 3-4）。由于地质条件特殊，隧道内难以在垂直方向开挖新的疏散出入口，故在两侧车行隧洞中间设计开挖一个小的隧洞，作为检修及人员疏散的服务隧道。为满足消防灭火需要，隧道内每隔 50 m 设置灭火器箱（6 台）和消火栓箱，箱内配备泡沫灭火栓和消火栓，火灾发生后人员可先自行救援。当火势较大难以控制时，人员可通过隧道车行通道（间隔 750m）或人行通道（间隔 250m）逃往服务隧道或另一隧道，车辆亦通过车行通道走另一条隧道。隧道内部设有独立的通风系统，右洞采用 2 座竖井分三段两单元送排风，左洞采用 2 座竖井分三段送排风和 1 座竖井集中排风的三单元纵向式通风。侧墙采用象牙白色干挂搪瓷钢板，此钢板具有防静电、抗腐蚀的特点，并具有良好的防火性能，在火灾环境下不会释放出有毒气体。通过设置服务隧道，解决了长达 3950m 的海底隧道部分因疏散距离长的难题。按照设计人员的疏散思路，相关人员在遭遇火灾时疏散至服务隧道内即可视为安全，位于服务隧道内的人员可自行通过隧道疏散至隧道地面出口处。采用这种疏

图 3-5　胶州湾隧道疏散模型

散方式大大减少了人员的疏散时间，人员可以选择就近的出入口迅速进入相邻的服务隧道内，水平疏散距离仅为其所处位置到服务隧道最近出入口的距离，有效缩短了人员疏散的行动时间（图 3-5）。

2. 合理安排疏散路线

地下被困人员在进行紧急疏散时，疏散路径最理想状态下为：房间—通道—楼梯—室外出入口。发生火灾时受恐慌、拥挤等不利因素影响人群的疏散路线容易呈往复性，即到达某处后遇见险情无法通行而又原路折返寻找其他疏散路线，这一过程拉长了人群的实际疏散距离，疏散行动时间相应增加。因此，在设计时除了保证平面内最不利疏散点的疏散距离满足规范，还应让人群疏散路径的安全性呈递增状态，即从房间内跑到疏散通道，由疏散通道到达消防前室完成水平疏散，再经过楼梯间垂直疏散到达室外出入口。这一疏散全过程人群的安全性要逐步提高，疏散人群在疏散过程中不会因为遭遇险情而产生折返的“逆流”情况，人群的疏散路径要一个阶段比一个阶段安全性高。

疏散路线应力求短捷通畅，避免出现各种人流相互交叉。在转角、出入口等多股人流汇集处是制约人群疏散速度的瓶颈，此类疏散节点处由于人流量大而疏散宽度有限，大量人群拥挤在转角和出入口位置，呈扇形分布，既不利于人群依次通过出入口，地面的救援人员也无法进入火场（图 3-6）。因此在转角和出入口处，应尽量避免设置柱网等建筑构件或装饰物，充分保证疏散通道的宽度（图 3-7）。

3. 制定防火疏散预案

《中华人民共和国消防法》第十六条规定：“消防安全重点单位需制定应急疏散预案。”第四十九条规定：“公共场所的现场工作人员在火灾发生时应该履行组织、引导在场群众疏散的义务。”常见的应急组织体系如图 3-8 所示。制定完备的防火安全疏散预案能够有效控

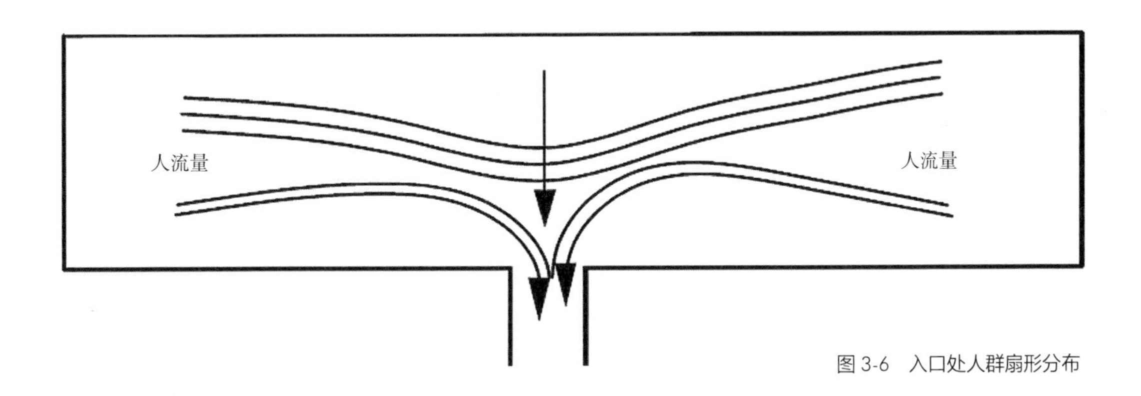

图 3-6　入口处人群扇形分布

图 3-7　疏散节点不应设置柱网

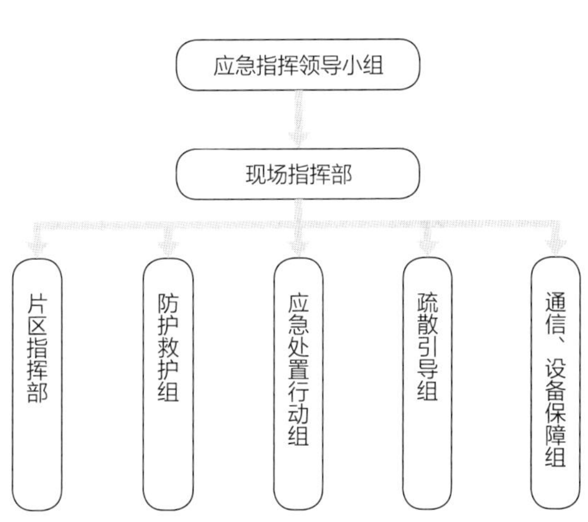

图 3-8　应急疏散组织体系
资料来源：重庆市人防办提供

制火灾现场的混乱和恐慌，保障疏散过程有序进行，大大缩短人员的疏散行动时间，对火灾等紧急情况做到有备无患。在制定防火疏散预案时，应充分考虑被困人员的心理状态和行为习惯，发挥现场工作人员引导作用，组织被困人员进行疏散和自救。疏散方案应明确工作人员在火灾发生时的职责，根据地下公共空间的平面布置和防火分区合理安排各部分工作人员的组织任务。火灾发生时人员的疏散路线可能与正常情况下人员进出地下公共空间的路线有所区别，电梯、自动扶梯可能停运等诸多突发情况会加重火灾现场的混乱程度，防火卷帘自动落下后平面布置也与正常状态下有所不同。因此在制定应急疏散预案的过程中，应该根据地下公共空间中疏散通道和防火分区等实际情况，明确发生火灾时每个防火分区内人员的疏散线路，确保紧急情况下每个防火分区内的安全员在疏散时清楚应该组织分区内人员朝哪个出口移动，应急预案做到有备无患。

3.2 超深地下公共空间水平疏散

3.2.1 安全出入口

通常情况下，一个防火分区布置两个安全出口。例如，《建筑设计防火规范（2018 年版）》GB 50016—2014 中第 5.5.8 条规定：“公共建筑内每个防火分区或一个防火分区的每个楼层，其安全出口的数量应经计算确定，且不应少于 2 个。”《人民防空工程设计防火规范》GB 50098—2009 中第 5.1.1 条规定：“防火分区建筑面积大于 1000m^2 的商业营业厅、展览厅等场所，设置通向室外、直通室外的疏散楼梯间或避难走道的安全出入口个数不得少于 2 个。”超深地下公共空间内，人员密度较高、成分复杂，因此原则上应按所含人员数量的多少来确定安全出口的数量。

超深地下公共空间发生火灾时，疏散出入口的位置对于人员是否能安全疏散也有着影响。安全出口的位置布置遵循均匀分布的原则，但具体疏散距离需根据相关规范条例确定。《建筑设计防火规范（2018 年版）》GB 50016—2014 中规定：每个防火分区、一个防火分区的每个楼层，其相邻 2 个安全出口最近边缘之间的水平距离不小于 5m。建筑物的安全出口在使用时保持畅通，不得设有影响人员疏散的突出物和障碍物，安全出口的门向疏散方向开启。

在安全疏散设计时，不仅要考虑安全出口的数量、类型（表 3-4），还应考虑安全出口的尺度（表 3-5）。安全出口的宽度受诸多因素的影响，如耐火等级、允许疏散时间、人数等。为了便于设计，一般以“百人宽度指标”作为简捷的计算方法来设计安全出口的宽度，设计时按人数乘以指标即可。

按疏散宽度百人指标计算疏散总宽度[68]。计算公式为：

$$B=S\times a\times b/100\ (\mathrm{m})$$

其中，B 为地下公共空间疏散总宽度，m；S 为地下

表 3-4 出入口类型

分类依据	形式	特点
按与地面建筑关系分类	独立式	1. 有形独立出入口，在地面部分有可见的构筑物； 2. 无形独立出入口，在地平线以上无构筑物，其建筑本身不易被人察觉
	嵌入式	无论主体是否属于地面建筑，出入口必定镶嵌在地面建筑首层，同传统商业建筑的出入口无太大区别
按剖面形式分类	水平式	设计在地面上，避免在出入口附近增设过多的踏步
	斜坡式	在场地限制较少的情况下可采用，实质是方便残疾人的无障碍形式
	垂直式	在用地紧张地段采用，占地面积小，方便快捷，用地铁或电梯将人员由地面直接导入地下

资料来源：作者整理

表 3-5 安全出口、疏散楼梯和疏散走道的最小净宽（m）

工程名称	安全出口和疏散楼梯净宽	疏散走道净宽	
		单面布置房间	双面布置房间
商场、公共娱乐场所、健身体育场所	1.40	1.50	1.60
医院	1.30	1.40	1.50
旅馆、餐厅	1.10	1.20	1.30
车间	1.10	1.20	1.50
其他民用工程	1.10	1.20	—

资料来源：《建筑设计防火规范（2018 年版）》GB 50014—2014

公共空间面积，m^2；a 为疏散人数指标，根据《商店建筑设计规范》JGJ 48—2014 规定，第一、二层为 0.85，第三层为 0.77，第四层及以上各层为 0.6，b 为疏散净宽，m。在我国地下公共空间中，每个出入口所服务的面积以及室内到出入口的最长距离，变化幅度相当大，且缺乏防火标准，故可借鉴建筑高层防火标准进行设计。

地下公共空间中由于物理环境等因素的影响，出入口数量与位置的设置受到很大限制。目前地下公共空间中每个防火分区常见的出入口设置方式可归纳为过街通道式、错开式、端头式三种。根据地下公共空间的面积大小和功能需求，出入口布置的形式可灵活选择。

（1）过街通道式布置方式主要应用在地面十字路口等交通情况复杂的地段，借鉴高架桥的交通组织方式来组织人流（图 3-9）。其主要功能是充分利用地下空间进行人车分流，减少地面交通拥堵状况。

（2）错开式布置方式主要应用于规模大、使用人数多的地下公共空间，如地下轨道交通站（图 3-10）。其主要功能是保证面积较大的地下空间中每个防火分区的疏散距离能满足规范要求。特点是出入口位置可根据地面人流情况与进出的需要进行调整，最大限度方便人群进出地下空间。

（3）端头式布置主要运用于地下商业街等公共空间，在满足疏散距离的前提下，这种布置方式充分考虑了地下公共空间的商业功能，人群进入地下后需穿过整个防火分区才能到达下一个出入口（图 3-11）。通过增加人群在地下空间的步行距离，变相增加了人群在商圈中停留的时间，有利于提高人群的消费欲望，带动地下商铺的经济效益。

为更好地研究地下公共空间疏散设计，考虑采用 Pathfinder 仿真软件对不同出入口布置形式的疏散效果进行模拟仿真。Pathfinder 疏散仿真软件是一个新型人员紧急疏散逃生评估系统，由美国 Thunderhead Engineering 公司开发，目前在性能化防火设计领域有广泛的应用前景。软件可对模拟人群中的单独个体运动进行图形仿真和模拟疏散，从而可以简单直观地展现每个个体在火灾发生时的逃生过程和逃生总用时。在进行模拟仿真实验时，通过调整模拟仿真实验的关键参数，对不同疏散场景下人员疏散时间结果进行对比分析，可以总结出安全疏散体的设计原则与规律[69]。为比较各种入口形式的疏散效率，选取重庆市某地下商业街某一防火分区为模拟对象。该防火分区埋深 4.8m，位于地下一层，分区面积为 $1276m^2$。针对人员密度与人员移动速度的关系，Nelson 等人[70]经过大量的真人实验和数据模拟，得出的实验结论认为当人员密度在 0.54～3.8 人 /m^2 时，人员密度和人员移动速度呈线性关系。当区域人群密度控制在 0.54 人 /m^2 以内时，人群移动时无障碍感；当人群密度高于 3.8 人 /m^2 时，人群移动速度近似 0m/s。《建筑设计防火规范（2018 年版）》GB 50016—2014 中第 5.5.21 条规定“地下一层的人员密度取 0.6 人 /m^2”。“地下楼层与地面出入口

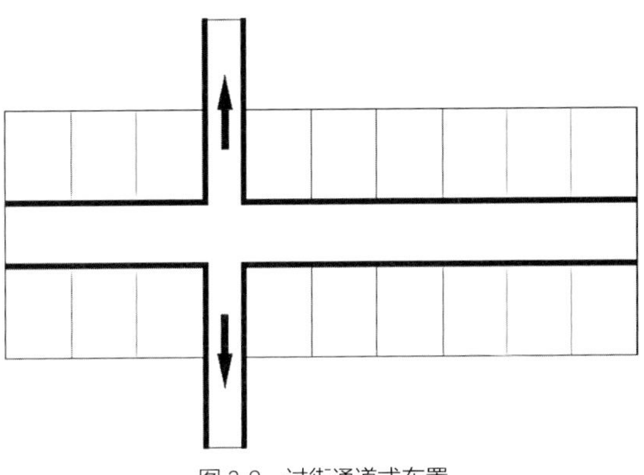

图 3-9　过街通道式布置

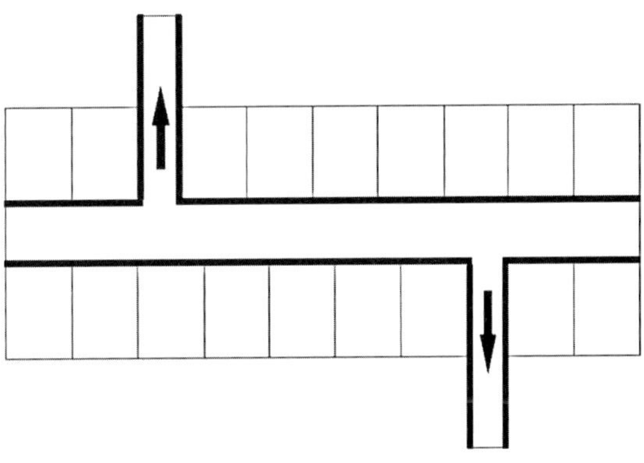

图 3-10　错开式布置

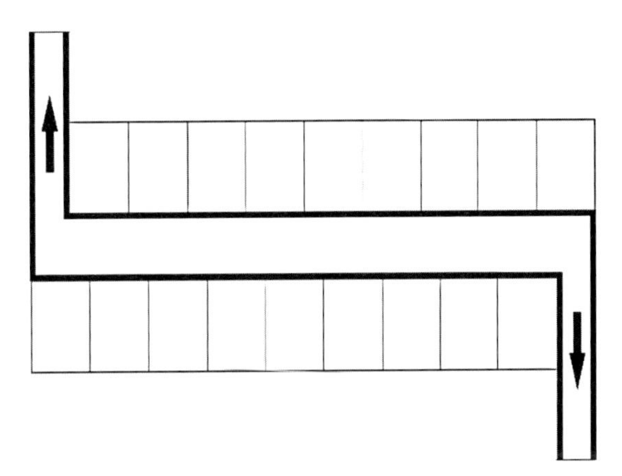

图 3-11　端头式布置

地面的高差 $\Delta H \leqslant 10$m 时，安全出口最小疏散净宽度取 0.75m/ 百人；与地面出入口地面的高差 $\Delta H > 10$m 时，安全出口最小疏散净宽度取 1.00m/ 百人。”故设定本次模拟对象中疏散人数为 1276 × 0.6=765.6，取 766 人，模拟中出入口的净宽均为 7.8m，满足规范中要求的 766 × 0.75=574.5m。人群疏散速度设定为 1.2m/s，人物模型定义采取随机抓取形式，肩宽为 45.58cm。经过 Pathfinder 软件模拟分析，不同出入口布置形式疏散效果如表 3-6 所示。

表 3-6　不同出入口布置方式的疏散结果

出入口布置形式	疏散人数	疏散时间（s）
过街通道式	766	107
错开式	766	105
端头式	766	117

数据来源：作者自测

参照公安部的实验数据，民用建筑和公共建筑根据耐火等级的不同其可用安全疏散时间如表 3-7 所示。

表 3-7　不同建筑类型可用安全疏散时间

建筑物	民用建筑		公共建筑	
耐火等级	一、二级	三、四级	一、二级	三、四级
可用安全疏散时间（s）	360	120	300	120

数据来源：《建筑防火性能化设计》

根据本次模拟对象重庆市某地下商业街的消防预案要求，每个防火分区内人员应在 120s 内疏散完毕。从疏散模拟结果可以看出，三种布置方式下人员均在可用安全疏散时间内疏散完毕，过街通道式和错开式的模拟疏散时间比规定时间有 10s 左右的剩余，而端头式布置方式疏散时间为 117s，刚好满足预案要求。鉴于实际疏散的复杂性，理想状态下的模拟疏散会比实际疏散快一些，因此在此防火分区中采用过街通道式和端头式设置方式能满足疏散要求，而出于安全考虑不建议采用端头式布置方式。从模拟结果看，紧急情况下错开式出入口布置的疏散时间最短，疏散效果最好，但与过街通道式布置方式在人员疏散效果上差距不明显。相比较而言，端头式布置形式在疏散时间上比其他两种疏散方式多出近 10%，即最不利于地下人群紧急疏散。但在实际案例中，应考虑过街通道式中存在的袋形走道问题，人群不可能像模拟状态下一样自动找到最近的出口，故设置出口时应参照现行规范将人员安全疏散距离缩短一半。图 3-12 ～图 3-14 分别为三种布置方式下地下空间

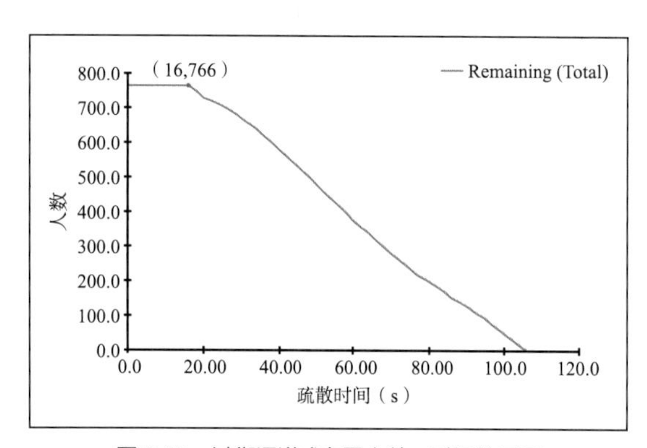

图 3-12　过街通道式布置人数—时间关系图

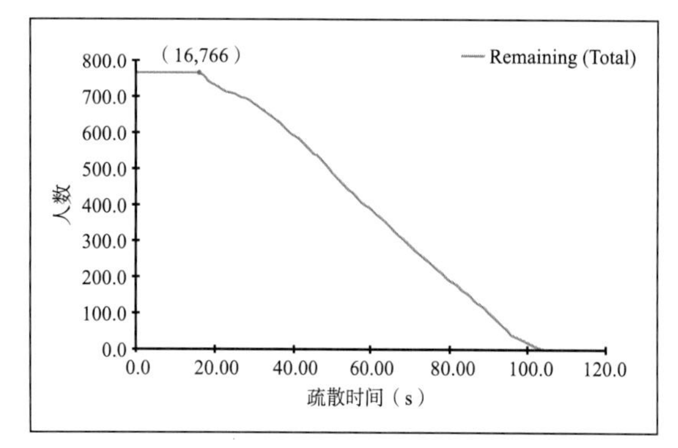

图 3-13　错开式布置人数—时间关系图

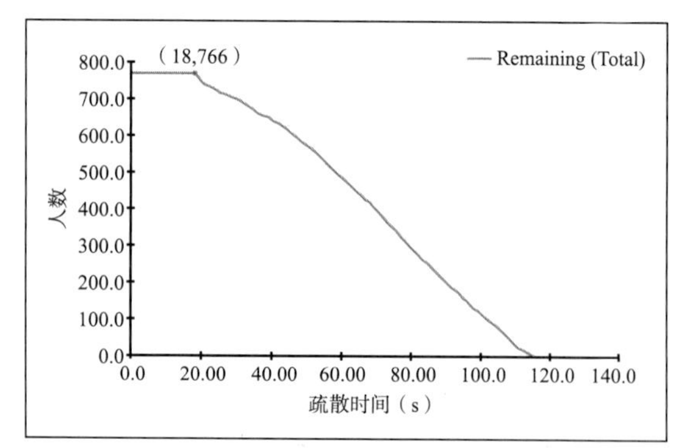

图 3-14　端头式布置人数—时间关系图

剩余人数与时间的关系图。从图中可以看出，三种出入口布置方式的人数—时间关系图图形相似，人数均呈线性下降，说明疏散过程中三种布置方式均能保持稳定的疏散速率。而图 3-14 的图形斜率小于图 3-12 和图 3-13，表明疏散个体疏散完毕所花费的平均时间更长，体现了端口式布置方式下人群需要走更长的距离到达出口的疏散特点。通过对比三种布置方式的模拟疏散结果可以发现，过街通道式与错开式布置方式的疏散效果相近，实际工程中采用哪种布置方式，应该取决于项目的具体位置和实际需要。而端头式布置方式疏散效果相对较差，设计在提升地下商铺经济效益的同时，牺牲掉了人员疏散效率。在商业活动较少的地下公共空间中，不建议采用这种布置方式。

由于通道交叉处人群疏散压力很大，人流在此处的疏散线路不是有序状态下的直线形，从模拟疏散过程来看，过街通道式布置方式在疏散过程中出现了疏散通道一侧的人员已经疏散完毕而另一侧仍然处于拥挤状态的现象（图 3-15）。这是由于过街通道两个出口的位置没有处在防火分区的正中，通道将防火分区分为人数不等的两部分造成的。这种布置方式下人数多的一侧人群拥挤情况严重，容易引发焦虑情绪进而发生踩踏事故（图 3-16）。在人群疏散路线图中可以发现在出入口

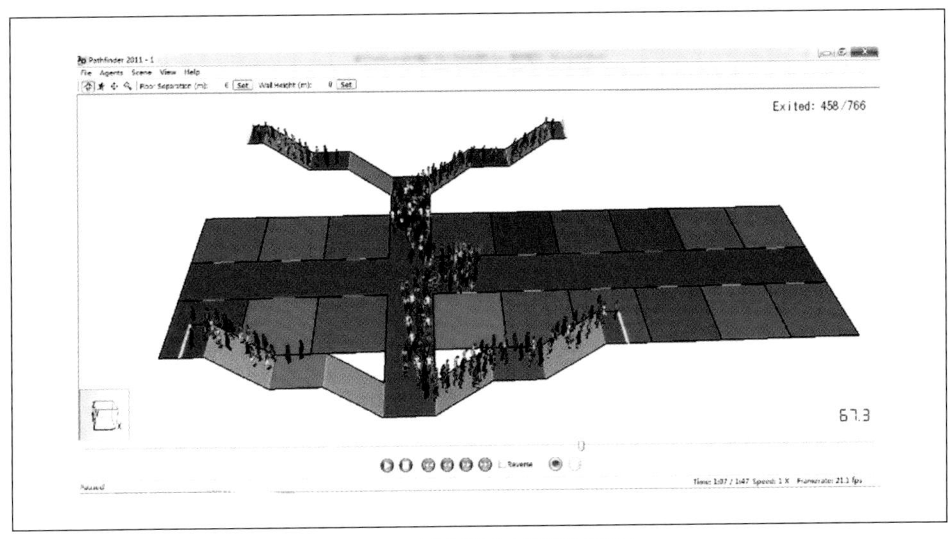

图 3-15　过街通道式布置疏散场景 1

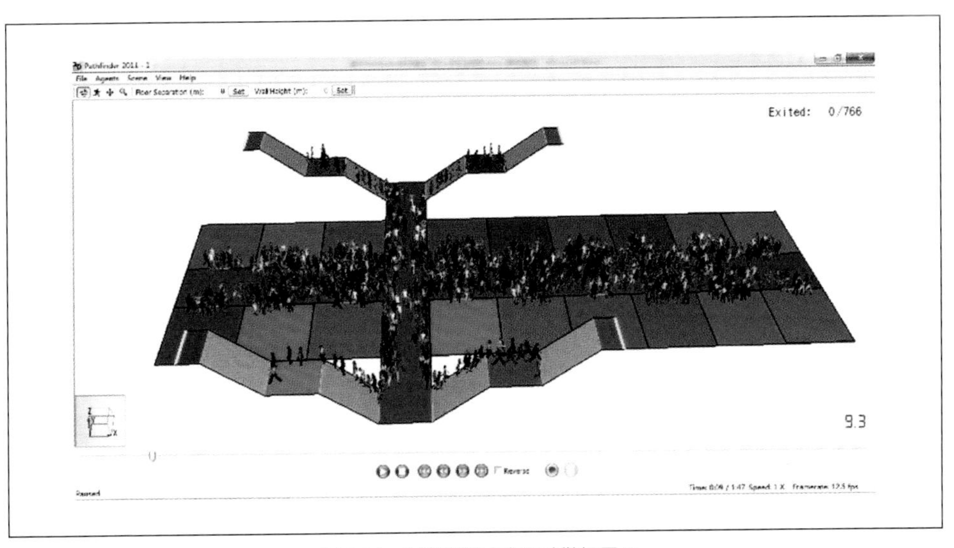

图 3-16　过街通道式布置疏散场景 2

处的疏散呈无序状态下的扇形，表明人群在此处发生了较为严重的拥挤现象（图 3-17）。因此，在实际工程中采用过街通道式布置方式时，应尽量将过街通道居中布置，保证出入口两侧的人群相对平均。在出入口与疏散通道交叉处应该避免设置柱网，如有必要可考虑将交叉处房间边角设计成弧形，缓解疏散压力。日常运行时应严禁在交叉处堆放货物，保持疏散畅通。

对错开式布置方式进行模拟实验表明：人群自动选择最近的出口进行疏散，两个出口各自负责疏散的人数相近，能较好地解决人群分流问题（图 3-18）。在实际应用中，错开式布置能较好地承担起地下公共空间的疏散任务，两个出口的拥挤情况在可接受范围。而在实际工程中应用错开式布置方式时最大的问题在于经济性。由于规范中对两个出入口之间的距离做了明确规定，

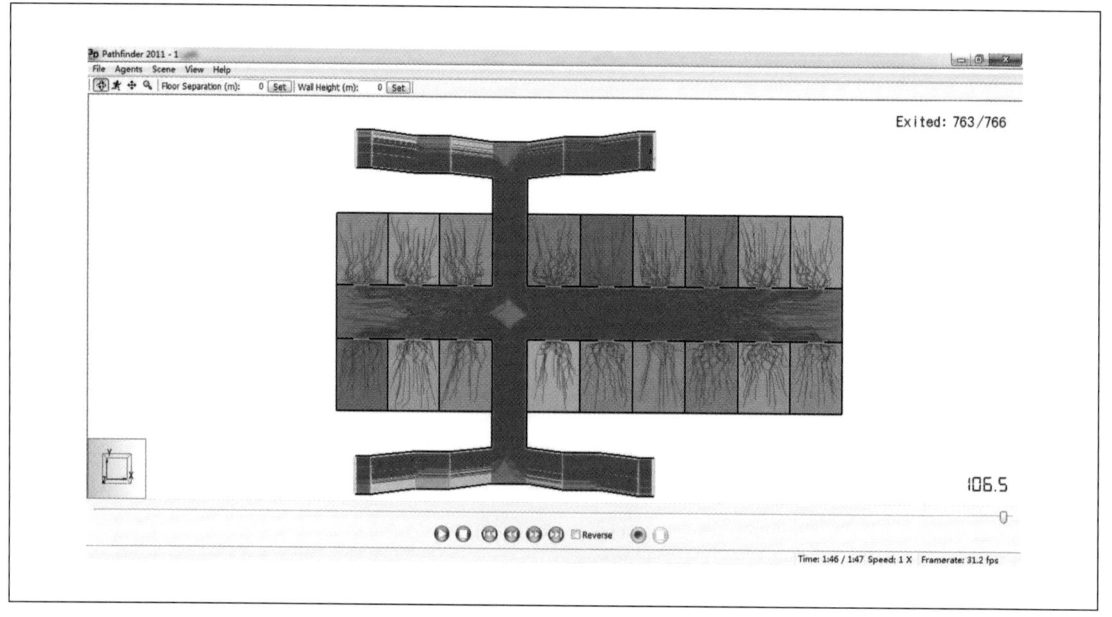

图 3-17 过街通道式布置人员疏散线路图

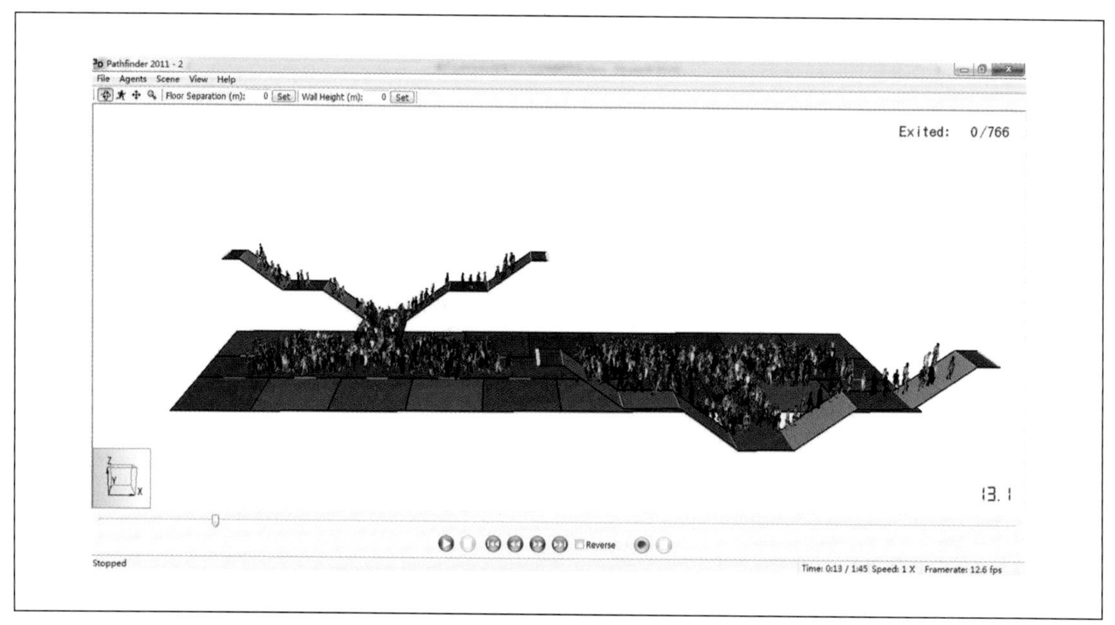

图 3-18 错开式布置疏散场景

错开式布置中每个防护分区的两个出入口位置选择时，更多考虑的是人群进出地下空间的方便，出入口间距离往往较近，部分可以共用疏散出入口的防火分区，由此需要设置单独的出入口，这样就会增加工程造价。

对于端头式布置方式的疏散模拟实验过程与错开式布置方式类似，两个出入口分工明确，疏散中人群因为选择离自己最近的出入口而自动分流（图 3-19）。每个出入口只负责一个方向的疏散人群，相比其他两种布置方式，端头式布置中人群疏散流线更加安全，没有相向而行的人群流线，避免了人群发生迎面碰撞的危险（图 3-20）。就疏散结果而言，端头式出入口所用疏散时间最长，人员最不利于疏散，这是由于在防火分区中部的人群离两个端头出入口距离较远，逃生时不利于疏散。在实际应用中，端头式布置方式由于拉长了人群

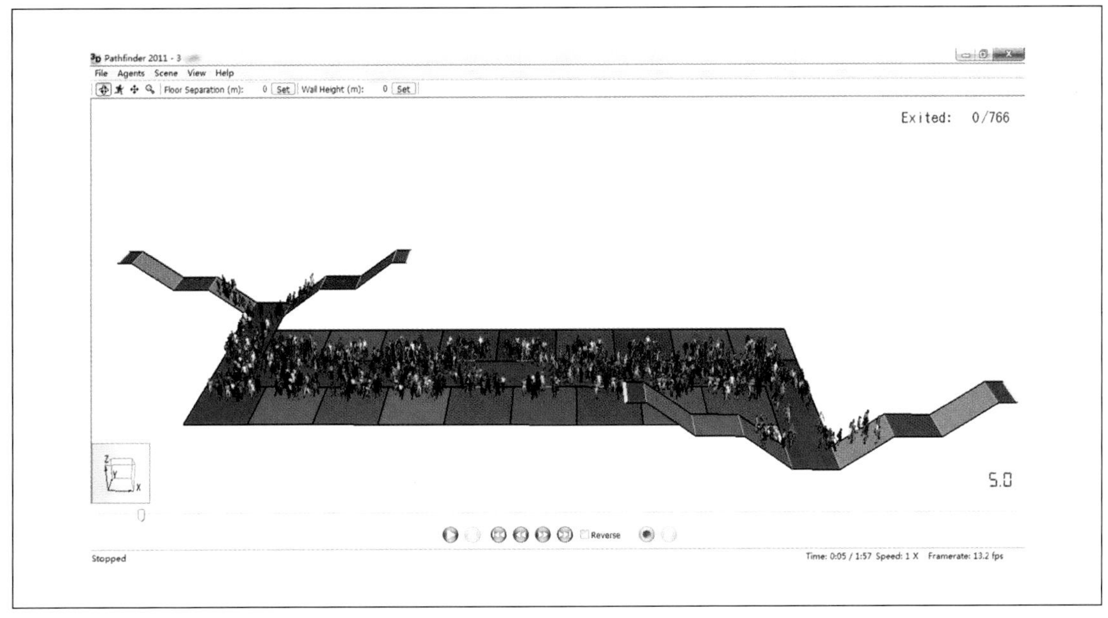

图 3-19　端头式布置疏散场景

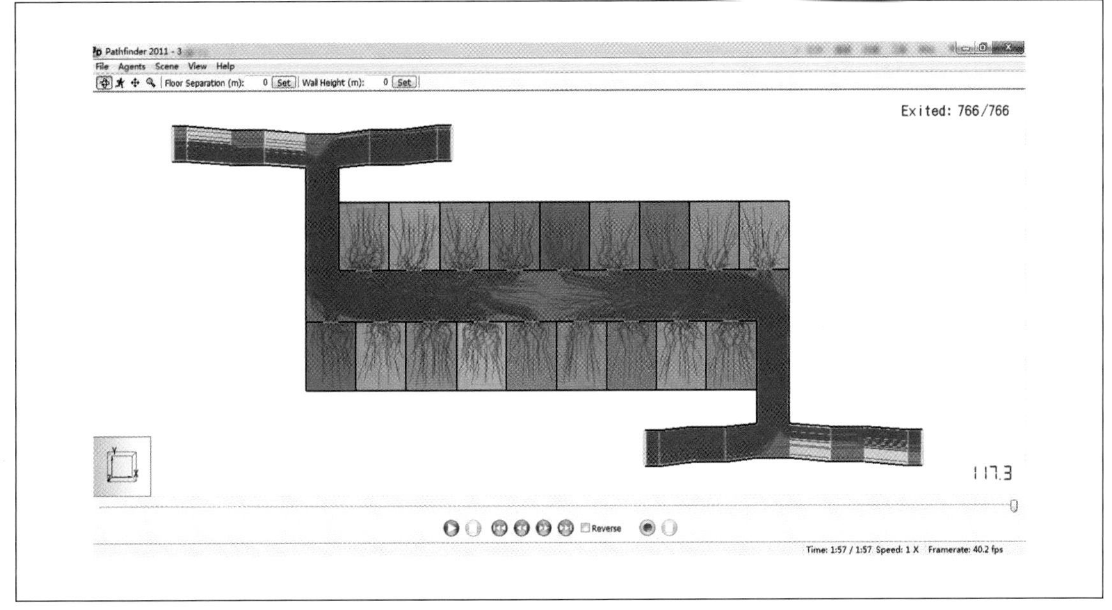

图 3-20　端头式布置人员疏散线路图

在地下公共空间的行走距离，人群需要穿过整个防火分区才能到达安全出入口，在降低了人群出行效率的同时，也潜在地提升了地下商铺的商机。因此，端头式布置方式不宜设置在地下轨道交通站等公共交通空间，而在地下商业街中采用端头式布置能获得较好的商业经济效益。

3.2.2 防火分区与防烟分区

根据规范要求把地下工程按一定建筑面积划分为若干个防火分区，同时在每个防火分区内再划分防烟分区，能有效防止火灾大面积蔓延，便于消防人员展开救援，把火灾造成的损失降到最低[71]。对于地下公共空间防火分区的划分，除了要保证消防安全，使其在火灾中切实起到防火分隔的效果，还要充分考虑经济效益和施工造价方面的因素，对平面布置中的防火分区进行优化。按照防止火灾向外扩大蔓延的功能，地下公共空间的防火分区主要分为水平防火分区和垂直防火分区两类，必要时可将两种防火分区形式结合使用。水平防火分区是指为了阻止火灾在水平方向蔓延，将工程的平面按照规范要求的面积划分成若干独立的分区，相邻两个防火分区交界处用防火墙或防火卷帘等进行阻断。在进行疏散设计时，应充分考虑防火分区对人群疏散线路的影响。以山西省临汾市解放路地下商业街为例，该商业街总建筑面积达72200m^2，设有35个防火分区。设计时为人群在地下商业街内的行动方向和路线提供了多种选择，尽可能延长人群在地下空间的停留时间，以提高地下商铺的经济效益。在平时正常使用时，人群可在地下商业街内朝任意方向自由移动，而当火灾发生时，设置在各防火分区交接处的防火卷帘会紧急落下以阻止火灾向相邻防火分区蔓延。防火卷帘将地下平面划分为若干独立的防火分区后，人群无法像平时一样自由穿越相邻防火分区，只能按照设计的疏散路线逃至疏散楼梯间（图3-21）。考虑到人群在疏散过程中只在所处的防火分区内移动，单个防火分区的面积不应设置过大，根据《人民防空工程设计防火规范》GB 50098—2009，地下公共空间中水平防火分区面积指标的相关要求如下：

（1）一般情况下，公共空间每个防火分区允许最大建筑面积不应大于500m^2。

（2）当设置有自动灭火系统时，每个防火分区允许的最大面积可增加1倍；局部设置时，增加的面积可按该局部面积的1倍计算。

（3）商业营业厅、展览厅等，当设置有火灾自动报警系统和自动灭火系统，且采用A级装饰材料装修时，防火分区允许最大建筑面积不应大于2000m^2。

垂直防火分区是指为防止建筑楼层与楼层之间发生火灾蔓延，用耐火楼板划分的防火分区。规范要求上下两防火分区之间的耐火楼板不宜有孔洞，若设置孔洞时需要设置可靠的防火措施。试验表明，一、二级耐火等级的楼板，分别可以经受住一般建筑火灾1.5h和1.0h的作用[72]。为了防止火灾通过窗户竖向蔓延，需设置有一定耐火性能的窗间墙，设置时应尽可能增加上下窗户之间窗间墙的高度，一般不宜小于1.5m。当地下公共空间的层高不能满足此要求时，则应在各窗口上部增设深度不小于70cm的不燃烧体水平挑檐。此外，在地下公共空间中存在各种管井，有的井道因功能需要难以逐层分隔，一旦在其中发生火灾或火灾、烟气进入其中，在烟囱效应作用下容易在井道之间和楼层之间相互蔓延并到达各层，会给人员安全疏散和火灾的控制与扑救带来更大困难。为避免地下公共空间中的管道井、电缆井、排烟道等竖向管井成为拔烟通道，需在每层楼板处用相当于楼板耐火极限的不燃材料等防火措施分隔。在实际

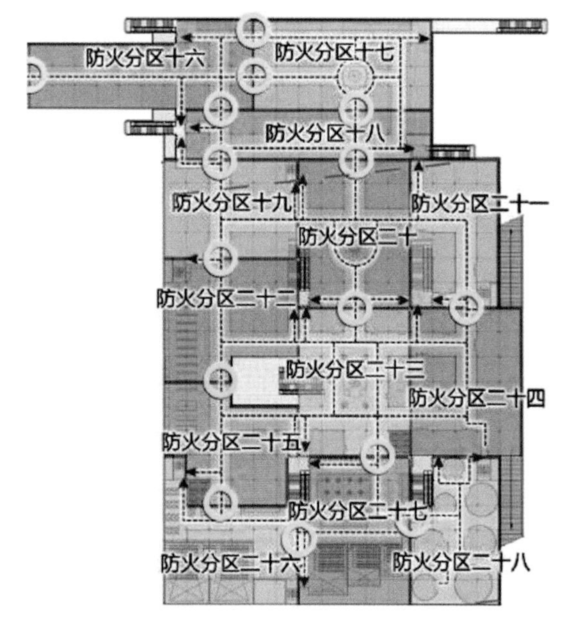

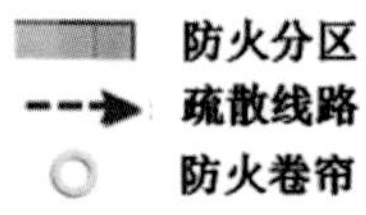

图3-21 临汾市解放路地下商业街防火分区图
资料来源：解放军理工大学吴涛提供

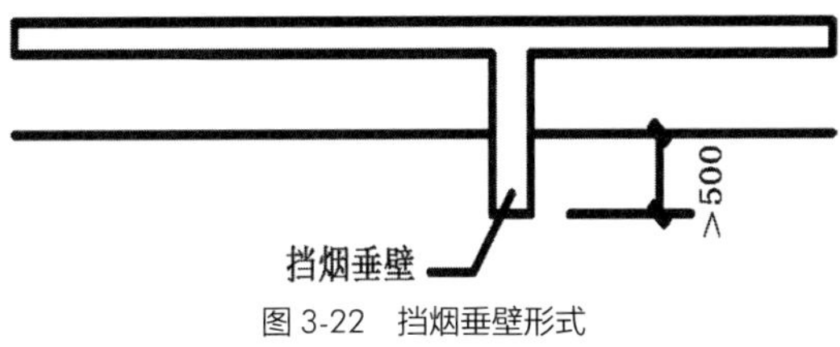

图 3-22　挡烟垂壁形式
资料来源：《人民防空地下室建筑设计》

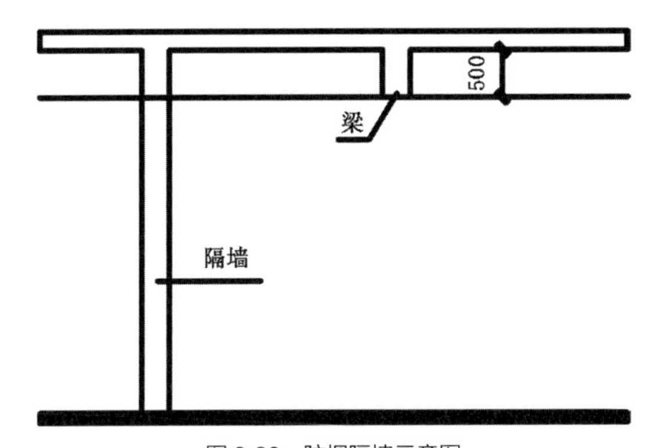

图 3-23　防烟隔墙示意图
资料来源：吴涛，谢金荣，杨延军 · 人民防空地下室建筑设计 [M]. 北京：中国计划出版社，2006.

工程中，每层分隔对于检修影响不大，却能提高工程整体的消防安全性。此外，地下公共空间中各管道井不宜混在一起，应独立进行防火处理。

地下公共空间发生火灾后烟雾是造成人员伤亡的主要因素。统计显示在火灾中遇难的人中，被浓烟呛死的人数占到一半以上，部分火灾案例中甚至达到了80%。为控制烟在建筑物内四处流动，应在防火分区内划分若干防烟分区。在地下公共空间中设立防烟分区，其主要目的有两个：一是把烟气控制在一定范围内不让其扩散；二是为了提高排烟口的排烟效果。在地下工程中设立防火分区后，可以让有毒烟气更加集中，因此规范中要求每个防烟分区的最大面积不应超过 500m^2。根据标准发烟量试验得出，在无排烟设施的 500m^2 防烟分区内，着火 3min 后，从地板到烟层下端的距离约为 4.0m。因此，在净空较高的地下公共空间中，火灾时即使上部集聚了烟气，其室内空间仍在比较安全的范围内。出于此原因，在地下公共空间设计时，应使主体空间的净高尽可能增大，在高度较大的房间可只设置一个防烟分区。在单个防烟分区内，常用的挡烟设施有挡烟垂壁、隔墙或从顶棚突出不小于 0.5m 的梁等（图 3-22）。当地下公共空间的层高较低时，采用在顶棚下设置 50cm 厚的梁或者其他构件作垂壁有困难，同时对建筑的整体装饰效果也会造成影响（图 3-23）。此时，自动挡烟垂壁可解决上述问题。日常使用时，垂壁贴在顶棚上，不影响层高。当遇到火灾时，垂壁会自动下降从而划分防烟分区，达到阻烟排烟的目的。在部分水平疏散距离过长而又难以布置其他防火构件的地下工程中，设置挡烟垂壁能有效提高工程的安全系数。以在建的重庆轨道交通 4 号线虾子蝙站为例，该站位于地下埋深 15m 处，出入口总长超过 200m（图 3-24）。根据《城市轨道交通技术规范》GB 50490—2009 第 7.3.20 条要求：“当

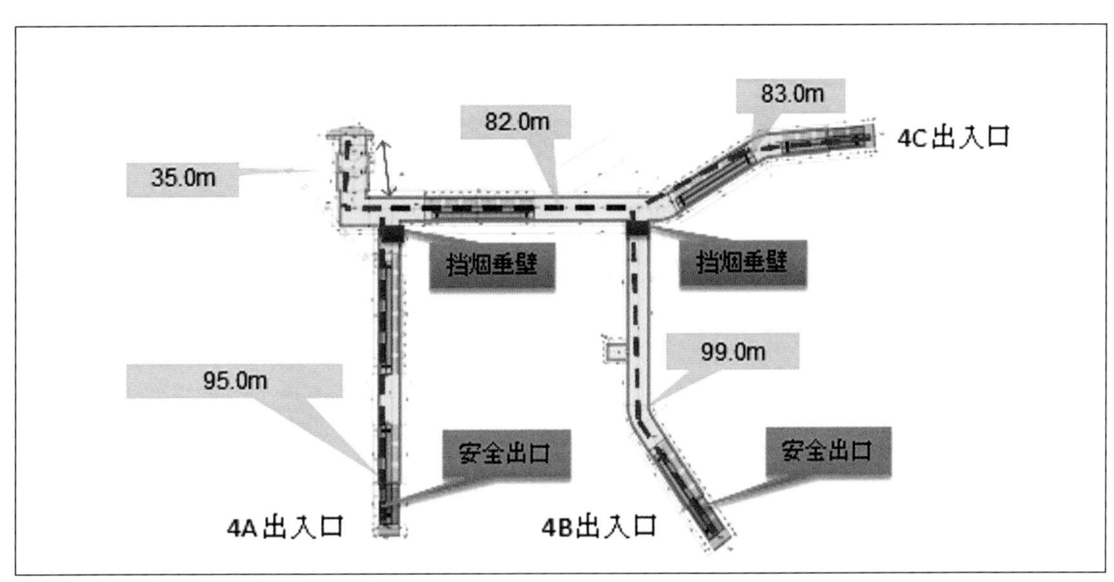

图 3-24　重庆轨道交通 4 号线虾子蝙站疏散距离
资料来源：重庆轨道消防总队提供

地下出入口通道长度超过100m时，应采取措施满足消防疏散要求。”故在出入口通道内不超过100m处设置安全出口，采用安全疏散楼梯形式，人员疏散既可以通过原出入口通道到达地面，也可通过疏散通道到达地面。在安全疏散支通道与出入口通道之间设置挡烟垂壁，防止烟气在地下支通道内扩散。在库房、商铺等可燃物较多的地下空间内，除了划分防烟分区，设置挡烟构件外，在主要疏散通道、人流交会处等关键疏散节点还应设置单独的空气处理系统，对这些区域进行加压，防止烟气进入，延长人员安全疏散时间。

3.2.3 安全通道

安全通道是疏散人员从火灾发生地到达安全出口的通道，因此，其宽度的确定需要按照规范要求合理确定。过宽，有利于疏散但会占用其他空间，特别是商业空间，将影响日常营业和投资收益；过窄，易发生拥挤，不利于疏散，还可能导致更大的人员伤亡。安全通道基于有两个以上安全出口的双向疏散原则，几种常见的水平安全通道组织形式及特点如表3-8所示。

《人民防空工程设计防火规范》GB 50098—2009中第5.1.5条规定，安全疏散距离应满足下列规定：房间内最远点至该房间门的距离不应大于15m；房间门至最近安全出口的最大距离，医院应为24m，旅馆应为30m，其他工程应为40m。安全通道的长度也可参考此规定中的距离。

关于地下公共空间的疏散宽度确定，主要以《建筑设计防火规范（2018年版）》GB 50016—2014和《商店建筑设计规范》JGJ 48—2014作为依据，推导公式为：

$$W=S\times A\times D\times E$$

表3-8 几种水平安全通道组织形式

通道	平面形式	特点
单线通道		疏散楼梯置于并联房间出口通道的两端，疏散方向明确，但中部房间距疏散楼梯远，疏散距离长
串联通道		并联房间布置成环形，疏散楼梯在环形中等分布置。可多方向疏散，易得较大空间，环形所形成的核心可引入自然光，但辅助面积大，有时分区零散
环形通道		房间围绕疏散楼梯布置，形成封闭环形通道。疏散楼梯与客梯紧邻，疏散通道集中，易组织人流疏散，但排烟设计复杂
单线复合通道		与串联通道类似，可多方向疏散，通道所形成的核心可引入自然光，但分区较复杂
双线通道		房间沿通道两个方向并联布置，疏散楼梯设置在通道两端，水平疏散距离短，节约辅助房间，可调性强

资料来源：作者整理

表 3-9　换算系数

楼层位置	地下二层	地下一层	三层	四层及以上
换算系数	0.80	0.85	0.77	0.60

资料来源：《商店建筑设计规范》JGJ 48—2014，《人民防空工程设计防火规范》GB 50098—2009

表 3-10　疏散走道、安全出口、疏散楼梯和房间疏散门的每百人最小疏散净宽度（m/ 百人）

楼层位置	耐火等级		
	一、二级	三级	四级
地上一、二层	0.65	075	1.00
地上三层	0.75	1.00	—
地上四层及四层以上各层	1.00	1.25	—
与地面出入口的高差不超过 10m 的地下建筑	0.75	—	—
与地面出入口的高差超过 10m 的地下建筑	1.00	—	—

资料来源：《建筑设计防火规范（2018 年版）》GB 50016—2014

表 3-11　疏散通道最小净宽要求

工程名称	单向布置房间	双向布置房间
商场、公共娱乐场所	1.5m	1.6m
旅馆、餐厅	1.2m	1.3m
车间	1.2m	1.5m
其他民用工程	1.2m	1.4m

资料来源：《建筑设计防火规范（2018 年版）》GB 50016—2014

式中，W 为疏散宽度即安全通道宽度，m；S 为公共空间建筑面积，m^2；A 为面积折算值；D 为疏散换算系数（表 3-9），人 /m^2；E 为净宽度指标（表 3-10），m/ 百人。

在超深地下公共空间中，埋深超过 50m，根据规定室内地面与室外出入口地坪高差大于 10m 的防火分区，疏散宽度指标应为每 100 人不小于 1.00m。

地下公共空间中的水平疏散组织，主要是由疏散通道构成，设计时需结合防火分区的布局合理设置疏散通道，控制人群的安全疏散距离。在疏散流线组织时，应充分考虑消防方案、出入口位置等因素，通道设置应满足有两个以上安全出入口的“双向疏散原则”，即当人群在一个方向疏散受阻时，能折向另一个方向进行疏散。疏散通道布置时应结合地下工程中使用率较高的主要出入口，利用人们疏散时习惯与熟悉的路线，合理布置疏散通道以利于其及时疏散。为了保证在火灾时人流疏散的畅通，避免发生拥挤和混乱，疏散通道的布置应遵循直通顺捷的原则，尽量避免转弯，必须设置转弯时转点应呈钝角，在转角处尽可能布置垂直向疏散口。在火灾发生后，疏散通道的宽度对疏散效率起决定性作用。根据相关规范要求，疏散通道的最小净宽应符合表 3-11 的要求。

在地下商业街等带有商业属性的工程实例中，由于商贩的安全意识不够以及内部的管理不到位，时常可以看见商贩为追求经济利益最大化，将货物商品摆放到公共步行通道上来变相增加经营面积。这种做法对地下公共空间的疏散带来了两方面的危害：一是占道商品本身可能是可燃物，如遇火灾，堆放在通道内的商品很容易使火灾沿疏散通道蔓延，将相对安全的疏散通道也变成火场。如果占道经营的商铺刚好位于防火分区的交界处，可能导致设计的防火卷帘在紧急情况下无法正常使用，直接影响地下工程的防火疏散程序；二是摆放的商品占用了疏散的有效宽度，使疏散通道的实际净宽小于设计宽度，容易出现疏散宽度不够甚至疏散通道被堵死等情况，造成人员拥堵的情况。疏散过程中，零碎的商品可能会使人群摔倒，引起人群恐慌，进一步引发踩踏等险情。为分析在疏散通道内放置障碍物对人员疏散的影响，采用 Pathfinder 软件模拟了相应场景。假设在一个 1000m^2 的防火分区内有 200 人需要疏散，疏散通道

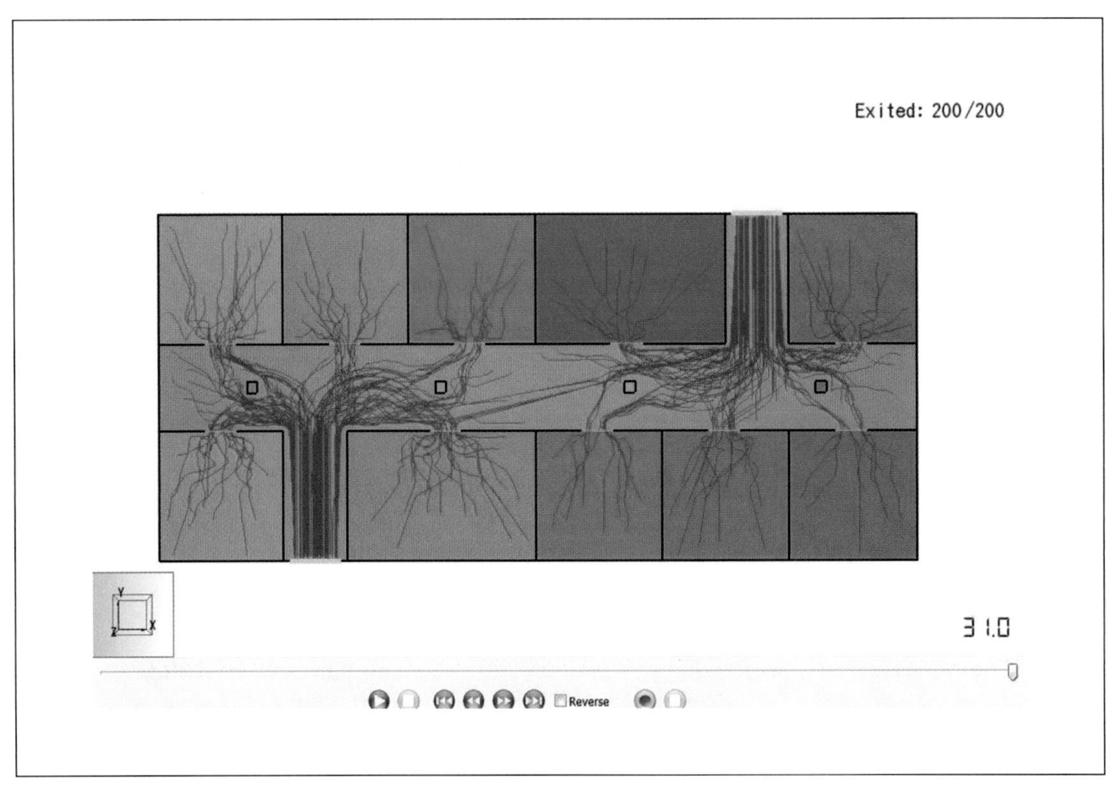

图 3-25　存在障碍物时人员疏散线路图

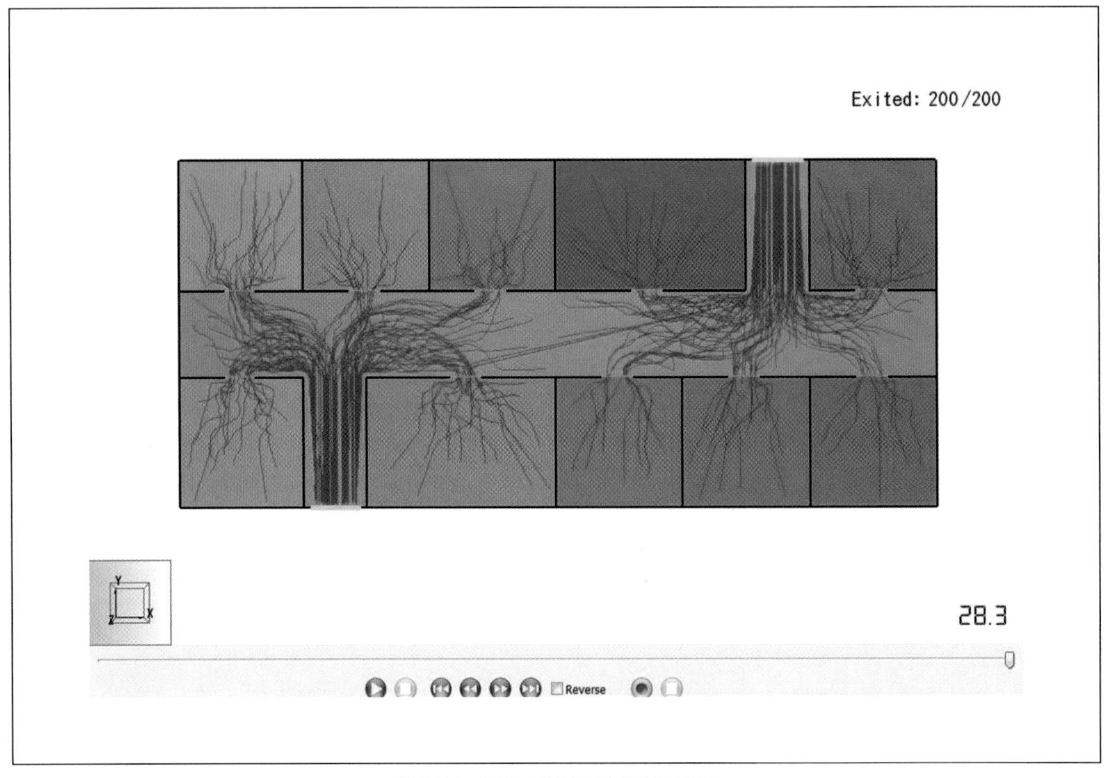

图 3-26　无障碍物时人员疏散线路图

宽为 3m，人员全部到达楼梯间共需 28.3s。改变模拟环境，在疏散通道内设置 4 个 0.5m × 0.5m 的障碍物，其他条件不变，疏散总用时增加到 31.0s，相比没有障碍物，人群需要多花近 10% 的时间才能到达疏散楼梯间。分析两种疏散场景下人群的疏散线路图可以看出，在人群疏散线路上增设障碍物不仅会减少疏散通道的净宽，还使人群的实际疏散距离增加。由图 3-25 可以看出，在设置的 4 个障碍物处人群需要花更多的时间来绕过障碍物。而没有障碍物时，人群可选择就近的最佳线路直接朝楼梯间疏散，如图 3-26 所示。因此在地下公共空间中应严禁擅自占用疏散通道的行为，工程的管理者应加强日常管理，开展防火安全方面的知识教育，提升使用主体的安全意识，设计人员在进行平面设计时，应尽量避免将柱子等结构构件置于疏散通道内，影响疏散通道的净宽，对人群疏散造成不便。

3.2.4 避难空间

根据人员疏散的过程及特点，可将疏散形式归纳为脱离性疏散与临时性疏散两类[73]。在地下建筑中进行临时性疏散可借鉴目前超高层建筑的疏散思路，内部人员在火灾发生后优先朝建筑内相对安全的避难空间转移，安全到达后在避难空间内等待救援或进一步向室外安全区域移动。而在疏散组织流畅，转角和出入口等疏散关键节点未发生拥挤时，脱离性疏散是更优的疏散方式。脱离性疏散即通过疏散走道和楼梯间到达对外出入口，彻底脱离火场的传统疏散方式。从火灾情况下被困人员的心理考虑，让其在火灾发生后待在地下工程中的避难空间等待他人救援不符合人的行为习惯。人性中趋利避害的本能反应会促使人群试图找到出口逃出火场，从众心理和恐慌情绪让人在面对火灾等紧急情况时更倾向于选择主动自救而不是被动等待他人帮助。但是在一些大体量或者深埋式地下工程中发生火灾后，由于工程大埋深带来的疏散距离远，疏散出口少等特点让人群很难按照普通地下建筑的常规方式和流线疏散至地面，紧急情况下火场现场的被困人员进行脱离式疏散所面临的危险和不确定性远远大于传统地上建筑。对于部分对地下环境不熟悉或者自身身体状态欠佳的被困人员而言，遭遇火灾时只能立足于临时性疏散，快速进入就近的避难空间中。在混乱拥挤的火灾现场待在避难空间等待火灾被扑灭或者救援人员到来是更安全的做法，比起通过楼梯向上爬升数十米直接逃至地面也更容易实现。因此，在超深地下公共空间中设置紧急避难空间可以有效缓解超深地下公共空间火灾发生人员安全疏散时很难一次性直接到达地面的问题。

《地下空间设计》（Underground Space Design）一书中提出："对于一些大面积或大深度的地下空间，安全疏散并不一定指通过疏散直接到达地面，也可以是到达安全的地方。"[74] 如果工程内部设置有避难空间，发生火灾时人员不用走完全部楼梯即可到达安全区域，解决了疏散距离超规，直通室外出入口数量不够等问题。在实际工程案例中，紧急避难空间被广泛应用在隧道、地铁、地下商业街等地下空间。在地下公共空间中设置紧急避难场所，避难空间布局形式和疏散路线决定了其实际疏散避难效果。避难空间的布局形式一般取决于地下建筑的用途、平面布局和交通流线。同时，还应考虑消防防火分区、施工难易程度等多种因素。根据避难空间与地下建筑主体的空间及位置关系，可将避难空间的布局形式分为分散式、集中式、平行式三种类型。

分散式布局指将集中人群分散至四周避难空间，实现人员疏散分流，减少单个避难空间拥挤程度，但疏散方向不明确，易导致人员迷失方向；分散式布局指避难空间分布在地下主体空间的四周。此布局方式工程主体部分平面完整，不受避难空间影响，便于日常的经营与使用。根据人员的疏散方向又可分为点到点疏散和点到面疏散两种模式。点到点疏散模式（图 3-27）下人员有多个疏散方向，紧急情况下人群可自行判断朝哪个避难空间移动，借助避难空间布局实现了人员疏散路线的分流，减少了单个避难空间出入口拥挤程度，降低了各个避难空间出现疏散人数悬殊的可能性。采用 Pathfinder 软件对点对点疏散场景进行模拟可以发现，在朝避难空间移动的过程中人群自行分成了相对平均的若干部分，与全部拥挤在一个出入口的传统疏散方式不同，各个避难空间的出入口处疏散较流畅，人群呈明显分流状态，疏散效率较高。同时，从模拟得出的人员疏散线路图可以看出，疏散过程中人群的疏散线路有交叉，疏散过程中人员互相之间存在一定流线冲突。在实际疏散场景下，由于人员疏散方向的不明确性，疏散路线相对较分散（图 3-28），点到点的疏散又存在着疏散混乱的可能性，慌乱情况下人群可能不知道应该朝哪个方向疏散。

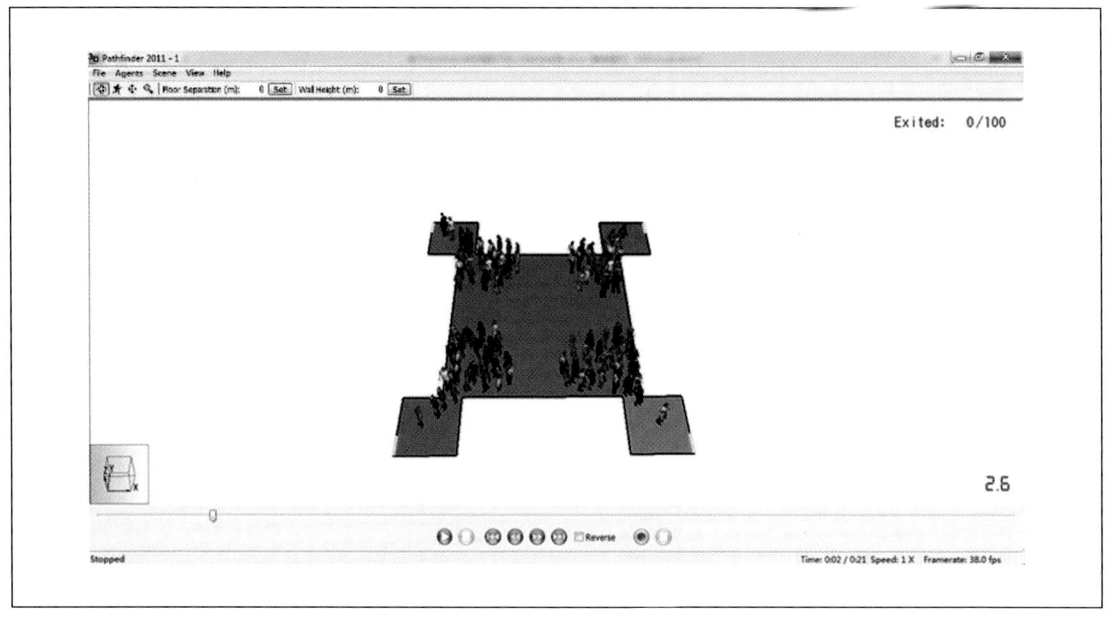

图 3-27 点到点式人员疏散模拟场景

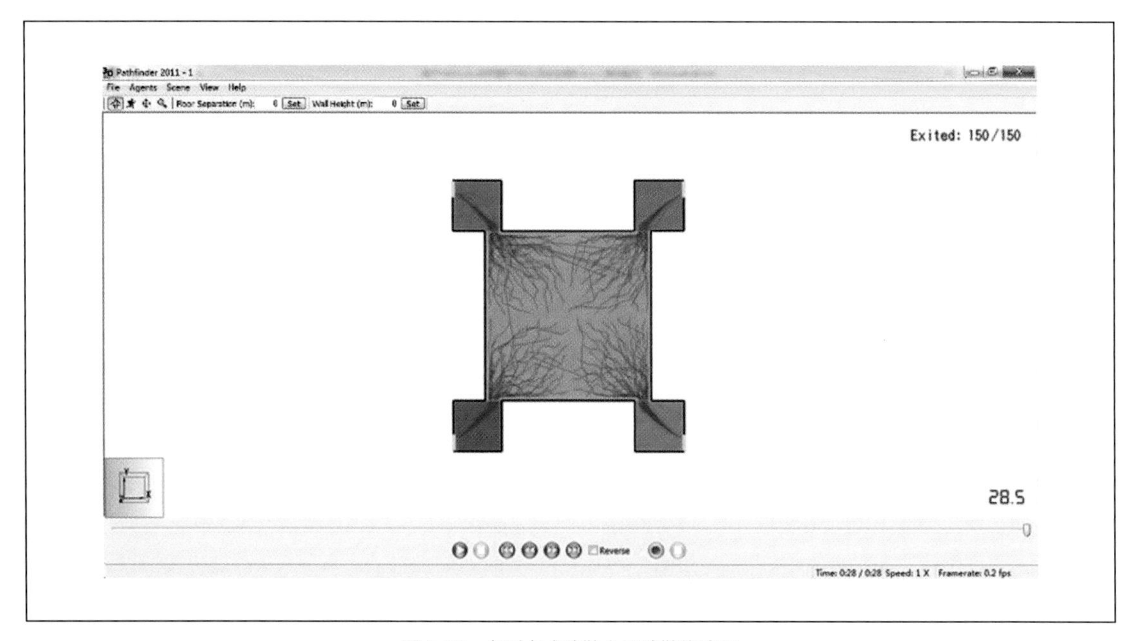

图 3-28 点到点式疏散人员疏散线路图

为解决这一问题，设计人员提出了点到面疏散模式（图 3-29）。从模拟软件的仿真场景中可以看出，点到面的布置模式下人员开始疏散后各个避难空间的人员可以朝同一方向移动（图 3-30），人群的疏散流线图也呈直线状态（图 3-31），表明人群在疏散过程中互相交叉干扰部分很少。在点到面的模式下安全避难区域一般与出口避难相结合，在实现人群分流的同时保证了单个避难空间的疏散方向一致，各个避难空间人群的疏散流线保持独立，没有交叉和冲突，有利于提升疏散效率。但在这种布置方式中，避难空间与地下主体空间接触面积大，为避免火灾时有毒气体从主体空间渗入避难空间，需要在交接面处加强防火和防烟处理，相应提高了工程造价。从点与点和点与面两种模式可以看出，分散式布局具有分流人群，保证主体部分空间完整性的

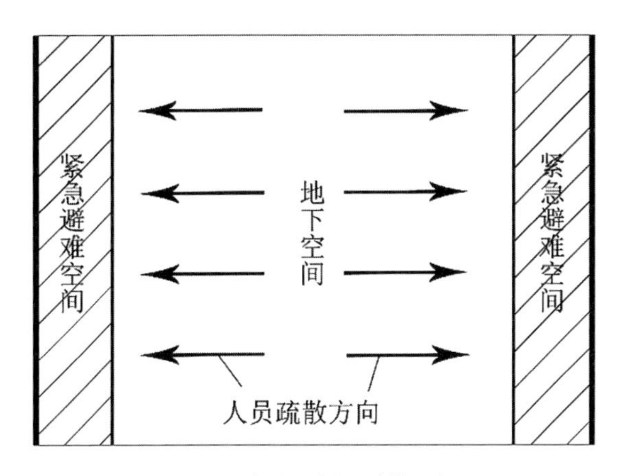

图 3-29　点到面式人员疏散示意图

特点，这种布局方式适用于主体面积大、功能用途单一的地下公共空间。

与分散式布局相对应的，在地下设置避难空间时还有集中式布局模式（图 3-32、图 3-33）。集中型布局，顾名思义即在疏散过程中人群朝避难空间疏散时有集中靠拢的趋势。为了保证主体空间各部分人群的疏散距离，此种布局形式一般将避难空间居中布置，发生火灾后，人群从各自位置朝避难空间聚拢。在这种布局方式中，只需要少部分熟悉避难空间位置的人员带路，附近的人群即可随着人流方向自动向避难空间移动，人员疏散的

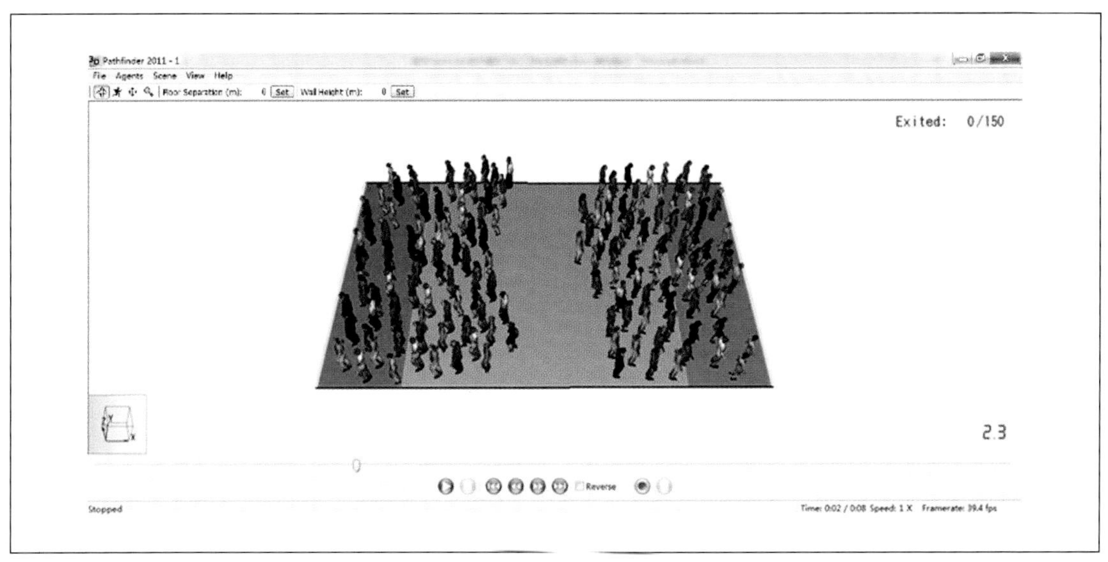

图 3-30　点到面式人员疏散模拟场景

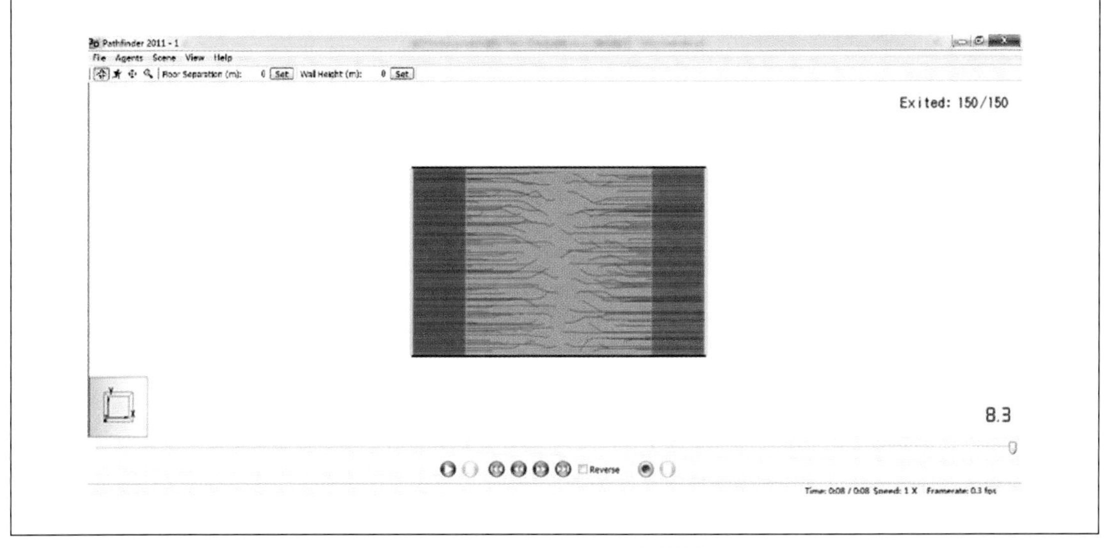

图 3-31　点到面式疏散人员疏散路线图

方向性明确，降低了在地下迷路的可能性。在集中型布局方式下，人群不仅没有分流，反而呈汇集趋势，因此与直通室外的出入口类似，连接主体空间与避难空间的口部是制约疏散效率的关键节点。从 Pathfinder 软件对集中式布局的模拟场景可以看出，在疏散过程中人员呈集中聚集趋势（图 3-34），人群的疏散路线图中在连接避难区域的交接处疏散路线密集，说明人群出现了拥挤的现象（图 3-35）。此外，由于集中式布局避难空间位于主体空间中部，削弱了主体部分平面布局的整体性，实际使用过程中地下空间的功能用途可能受到影响。因此，在地下商业街等功能用途多样化，空间碎片化的地下工程中可充分发挥集中式布局布置灵活、疏散路径短的优点，单个避难空间可满足周围多个防火分区的疏散需求。而对于地下博物馆等主题单一、主体部分规模较大的地下工程，由于疏散人数多，所需避难空间的面积也相应增加，采用集中式布局会导致主体空间被

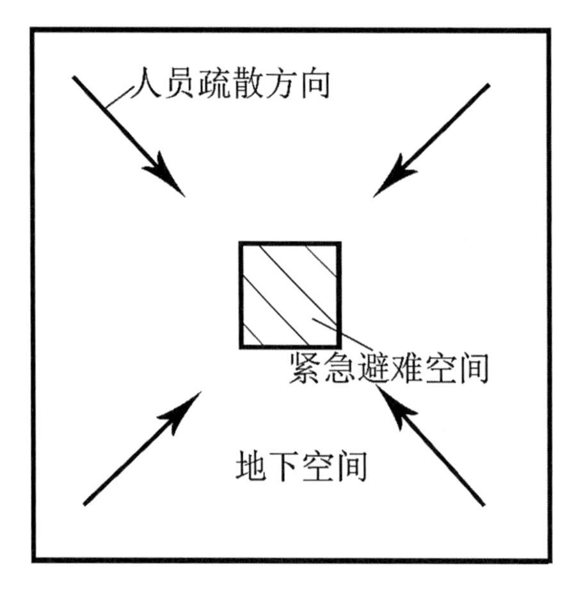

图 3-32 集中式布局方式 1

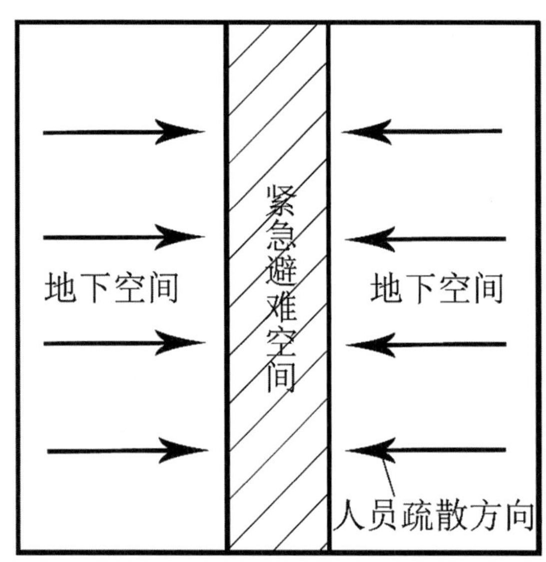

图 3-33 集中式布局方式 2

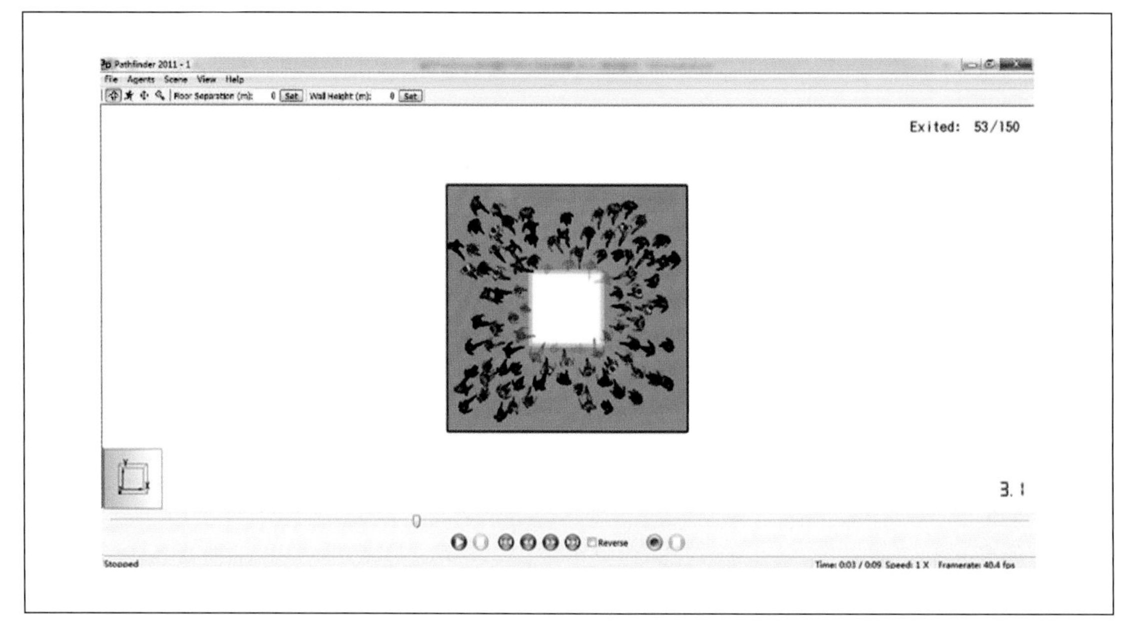

图 3-34 集中式布局人员疏散模拟场景

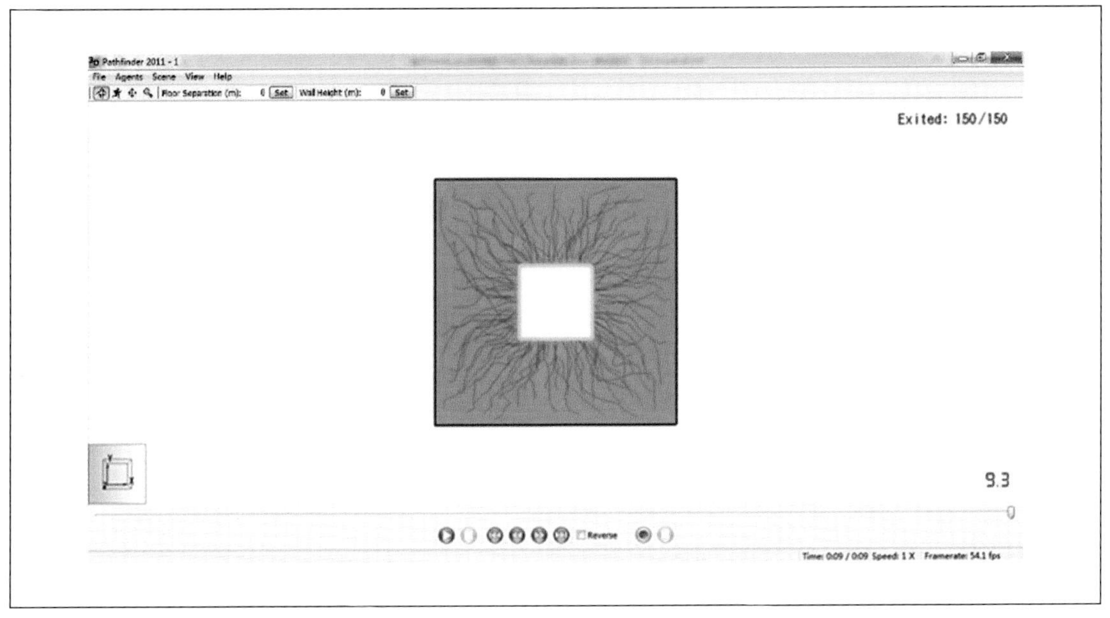

图 3-35　集中式布局人员疏散线路图

分割而显得零碎。在集中式布局的疏散思路中不但没有对人群进行分流，反而需要所有人群朝一个目标移动，加剧了拥挤程度，不利于人群尽快疏散。因此，避难空间是否采用集中式布局，取决于地下空间主体部分的规模大小和平面布局需要。

对于以地下隧道为代表的水平方向疏散距离长，新增直通室外出入口困难的地下公共空间，可考虑将避难空间置于地下主体空间的上部或下部，形成平行式布置（图 3-36）。将置于地下主体空间下部的避难空间称为下沉式避难空间。以杭州钱江隧道为例，紧急避难空间与主体道路平行布置，利用盾构隧道内行车道路面以下的空间供紧急避难使用。隧道内每隔一定间距设置滑梯或楼梯等纵向逃生通道，连接位于行车道之下的避难空间。人员在紧急情况下可就近通过纵向逃生通道进入隧道下方的避难空间，然后沿避难空间从隧道两端洞口逃生（图 3-37、图 3-38）。如条件允许，可另外设置直通地面的逃生竖井，发生火灾后人群先进入紧急避难空间，后可经由避难空间内的逃生竖井远离火场。在纵向通道疏散方式的基础上，部分地下工程又衍生出来横向与纵向通道结合的疏散方式。以上海长江隧道为例，除了在隧道内行车道路面以下的空间建成纵向逃生通道的传统做法外，还在两孔盾构隧道之间设置若干横向通道，使相邻两通道连通形成纵、横向配合的立体疏散体系（图 3-39）。采用平行式布置能有效缩短地下

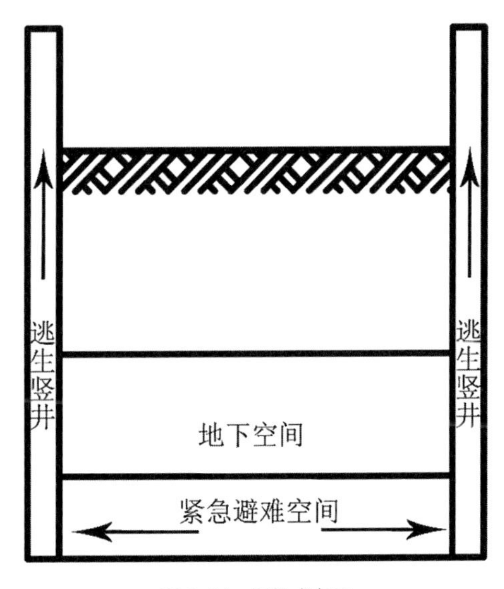

图 3-36　平行式布局

公共空间水平方向的疏散距离，避难空间除了为人群提供安全庇护外，自身有很强的疏散能力，紧急情况下人群不必待在避难空间内等待救援，可自行进行疏散。消防救援人员和大型灭火设备亦可通过平行设置的避难空间进入地下进行施救，有效提升了工程的救援效率与安全评价。平行式布置与其他布置在疏散方式上最大的不同在于避难空间与工程主体空间在垂直方向上有高差。在疏散过程中，人群要先水平移动到附近的疏散通道，

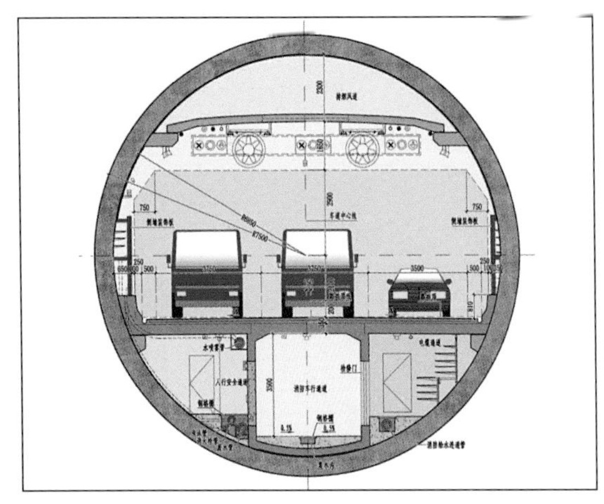

图 3-37 平行式人员疏散剖面图

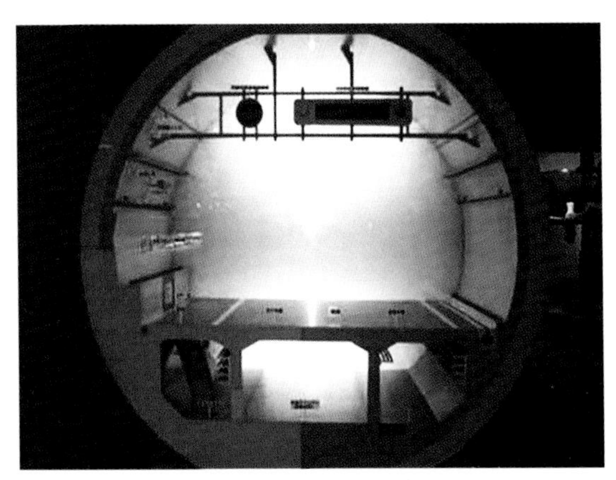

图 3-38 平行式人员疏散模型

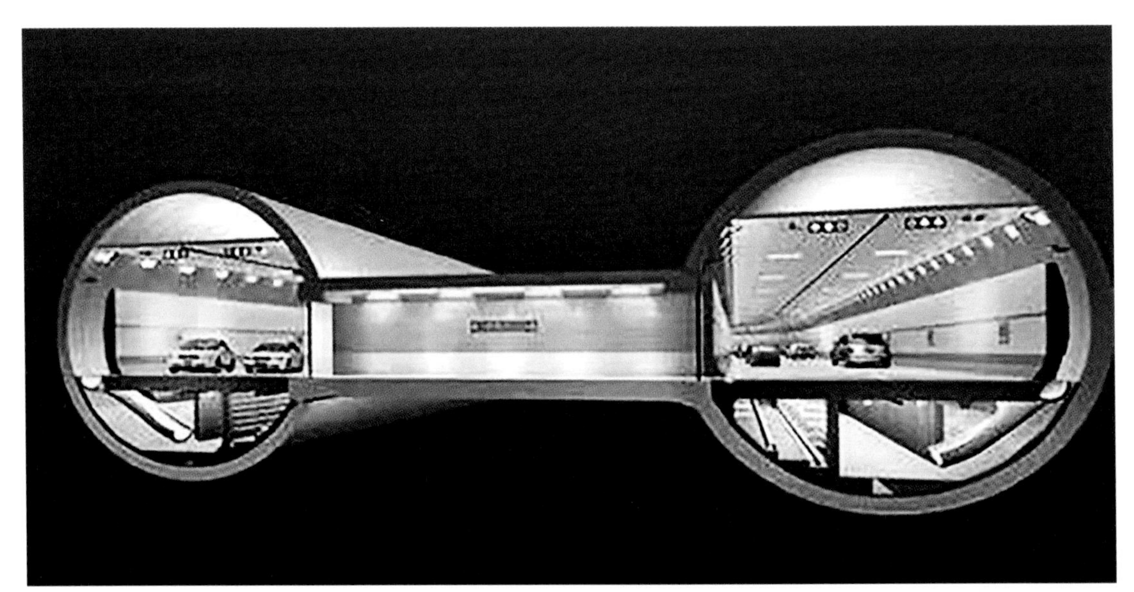

图 3-39 上海长江隧道剖面图

再通过楼梯或滑梯进入避难空间，这一过程给行动不便的老人或者残疾人造成了很大困难。在其他两种布置方式中，连接主体部分和避难空间的节点位置是防火门，而平行式布置下换成了楼梯或滑梯，疏散时更容易出现拥挤、踩踏等危险情况，在防火构造上也更加复杂。此外，采用平行式布置所需的施工量远远大于另外两种布置方式，在大埋深的地下平行于主体部分挖出新的避难空间，施工难度大，工程造价高，需要综合考虑各方面因素来评价其可行性（表 3-12）。

由于超深地下公共空间在实际利用中会被赋予多种功能形成各种小空间，因此在不考虑经济因素情况下，建议优先采用下沉式避难空间，以此缩短人员水平疏散距离，减少人员疏散时间。同时，为了应对火灾时烟气向上扩散与人员疏散方向一致，建议将避难空间设置在主体空间的下部，设下沉式避难空间为宜。

表 3-12　分散式、集中式、平行式布置优缺点对比

特点	优点	缺点	适用范围
分散式布置	能够实现人群分流疏散；各避难空间接纳人数平均，疏散过程流畅；不影响主体使用部分空间完整性	疏散方向不明确，可能会出现迷路的情况；避难空间与使用空间的交接面大，火灾时受到火和烟的污染可能性加大	地下博物馆等主题单一，主体部分规模大，人员流线相对固定的地下工程
集中式布置	人员疏散距离短，疏散方向明确，不易迷路；避难空间置于主体使用部分，易于被人群发现	避难空间可能对主体使用部分的整体性造成破坏；疏散过程人流呈聚拢趋势，容易发生拥挤，有发生踩踏的风险	地下商业街等功能用途多样化、功能分区碎片化，人员流动性强，平面布局灵活的地下空间
平行式布置	能有效缩短人员在水平方向的疏散距离；避难空间自身疏散能力较强，紧急情况下可作为救援人员进入火场的途径和通道	垂直方向有高差，无障碍通过性较差；工程施工量大，造价高，经济性值得商榷	地下隧道等水平疏散距离长，直通室外出入口难以达到规范要求的地下工程

资料来源：作者整理

3.3 超深地下公共空间垂直疏散

3.3.1 楼梯

楼梯是目前唯一倡导的一种疏散或逃生方式，是人们发生紧急情况下逃生首选的传统疏散模式[75]。国际上大多数国家，都禁止火灾情况下使用电梯，火灾时人员只能使用楼梯进行疏散。超深地下公共空间一般埋深较深，即使是正常人在良好的身体条件下也要经过长时间疏散才能到室外安全区域，而对于老弱病残孕等特殊人群，要在安全时间内依靠楼梯疏散到室外安全区域几乎是不可能的。不仅疏散速度缓慢，还容易发生群体效应，一个人也很可能影响整体人群的疏散效率，并且特殊人群体力一旦跟不上人流速度，将增加人员之间的碰撞、拥堵甚至踩踏等状况发生的可能性。目前，地下商业综合体建筑设计中疏散楼梯大部分处于较隐蔽的位置，外来人员不熟悉疏散楼梯的位置，交通流线往往依靠省力以及位置醒目的电梯和自动扶梯完成。在紧急情况下，人们通常会寻找自己熟悉的路线原路返回，加大了电梯与自动扶梯的使用概率，这无疑又增加了疏散的执行难度。因此对楼梯的设计尤为重要。

1. 踏步尺寸

楼梯中踏步的尺寸即高宽比直接决定着人员在水平和垂直方向的疏散距离。踏步的高矮对疏散过程中人员的体力消耗速度有直接影响，过高的踏步不利于老人等行动不便的人群疏散。而疏散过程中人的步幅频率则与踏步的宽窄有关，如果踏步宽度过窄，人群的步幅节奏加快但在水平投影方向的疏散效率下降，亦不利于疏散。为研究哪种踏步尺寸对于人员安全疏散有利，即疏散时间，采用 Pathfinder 软件对同等条件下不同踏步尺寸的楼梯进行疏散模拟。假定在 20m×20m 的单位面积地下空间中设置有 2 部净宽 3m 的双跑式疏散楼梯，楼梯踏步的宽度为 280mm，地下待疏散人群为 200 人，人群疏散速度始终保持 1.19m/s 不变，不同踏步高度的疏散时间见表 3-13。

表 3-13 不同踏步高度的疏散时间

踏步高度（mm）	疏散时间（s）	实际疏散高度（m）	平均疏散效果（m/s）
140	116.0	11.2	0.097
150	115.3	12	0.104
160	114.5	12.8	0.118
170	115.5	13.6	0.118
180	116.8	14.4	0.123
190	121.5	15.2	0.125
200	122.5	16	0.131

资料来源：作者自测

从 Pathfinder 模拟结果看，踏步尺寸在模拟疏散中对疏散时间有较大影响，一定范围内楼梯的踏步高度与疏散效率成正比例关系，踏步越高，其疏散效率越高。但是在实际工程中，一味加高踏步宽度容易使楼梯过陡，上行困难下行危险，给人员日常使用造成不便。在确定楼梯的踏步尺寸时需要从人体工程学与使用主体的实际情况出发，根据经验，不同建筑类型中楼梯踏步的尺寸应满足表 3-14 的要求。

表 3-14 各类建筑对楼梯尺寸的要求

名称	住宅	幼儿园	学校、办公楼	商店	剧院、会堂
踏步高	≤180	≤150	梯段坡度不应大于 30°	≤160	≤160
踏步宽	≥250	≥260		≥280	≥280

资料来源：《建筑设计资料集》

在深度超过 50m 的地下公共空间中，由于垂直方向高差大，所需的踏步数量多。楼梯在水平方向的投影面积也相应增加。因此从经济性角度考虑，楼梯的踏步高控制在 180mm 左右，踏步宽控制在 280mm 左右，不仅能满足人员日常基本使用需要，还能够在垂直疏散的过程中节约疏散时间，保证疏散人员的安全，是比较经济可行的尺寸。

2. 楼梯形式

楼梯形式的选用主要取决于其使用性质和疏散要求。深度超过 50m 的地下公共空间由于自身巨大的高差，常见的楼梯形式主要有双跑楼梯、直跑楼梯、双分转角楼梯、剪刀楼梯等（表 3-15），不同的楼梯形式在工程实际应用中也有不同的优缺点。

双跑式楼梯是建筑中最常见的楼梯形式，此种楼梯梯段回转往复，楼梯在水平方向投影面积小，可根据工程实际在平面上灵活布置。楼梯每层休息平台上下对齐，符合人们对楼梯的使用习惯，有利于各层人员快速找到楼梯的位置，因此应用在大埋深的地下公共空间中能有效解决人员的疏散问题。火灾发生后平行双跑式楼梯与各楼层连接处的防烟问题是制约其疏散效果的重要因素，通常会设置防烟楼梯间减缓烟气在楼梯井中的扩散速度。由于双跑楼梯中相邻两跑的疏散方向完全相反，人员在楼梯平台处转折会影响疏散速度，容易形成拥堵。相关规范要求楼梯的休息平台进深宽度不小于梯段的疏散宽度，在实际设计时应结合经济性和实用性适当增加休息平台的宽度。

直跑楼梯在垂直疏散的过程中人员始终按一个方向前进，能够避免人员在转折处速度减弱发生拥堵，被困人员有明确的逃生方向。但此种楼梯形式在结构上整体性不强，对于大埋深的工程，多跑直线楼梯在水平投影方向疏散距离过长，应用在实际工程中可能会受到规范条款的限制。以重庆市轨道交通 5 号线重光站为例（图 3-40），由于站厅埋深大（2、3、4 号出口至地面距离分别为 29m、37m、23m），每个直通地面的出入口又均采用直跑楼梯的形式进行疏散，致使三个主要出入口的出口长度分别达到了 92m、153m 和 139m。《城市轨道交通技术规范》GB 50490—2009 第 7.3.20

表3-15　楼梯的基本形式

楼梯形式	图形	特点
直跑楼梯		最简单的形式，交通方向为一条直线；流线组织明确、方向单一，具有强烈的导向性；适合于层高较低的建筑
双跑楼梯		在两个楼板层之间，包括两个平行而方向相反的梯段和一个中间休息平台；适用于一般民用建筑和工业建筑
螺旋楼梯		平面形式有圆形、椭圆形和三角形；节省空间，可作建筑中的活跃元素
剪刀楼梯		由一对方向相反的双折楼梯组成，或由一对互相连通但不重叠的单跑楼梯组成，剖面成交叉的剪刀型；能同时通过较多的人流并节省空间
折跑平行楼梯		使用较普遍，形式均衡对称
双分转角楼梯		人流在休息平台处实现分流，可以通过两个方向疏散到室外，避免了疏散人员在平台处发生拥挤，加快了疏散时间

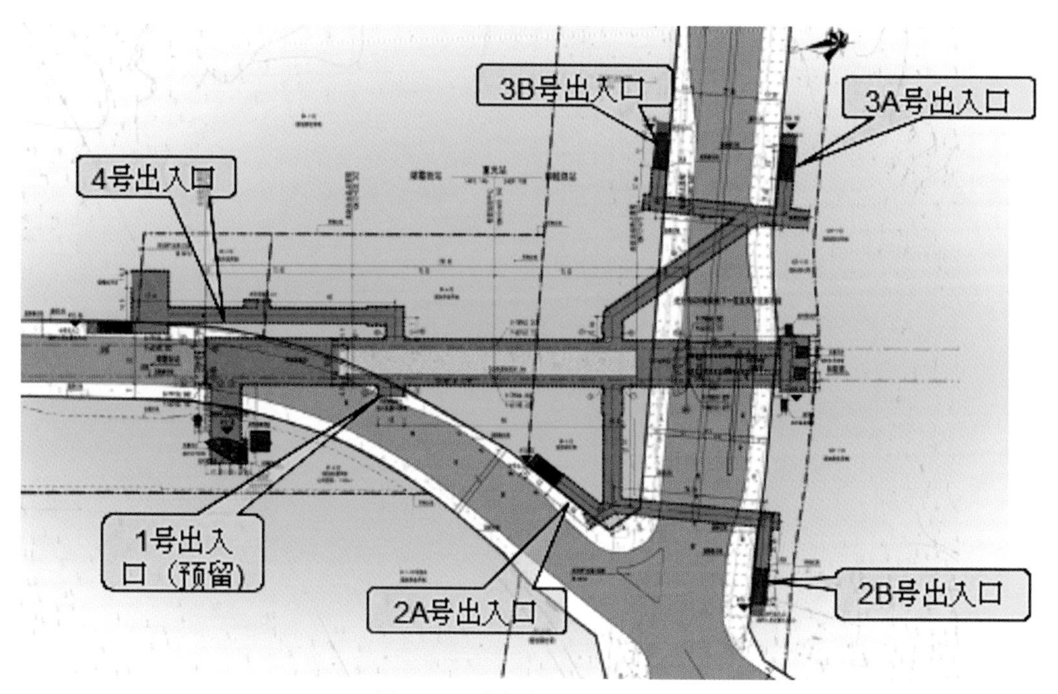

图 3-40 重庆市地下轨道交通 5 号线重光站

条中指出："当地下出入口通道长度超过 100m 时，应采取措施满足消防疏散要求。"《地铁设计规范》GB 50517—2013 第 28.4.3 条也要求："连续长度大于 60m 的地下通道和出入口通道应设置机械排烟设施。"而由图 3-41 可以看出，设置两个多跑直楼梯后拉长了工程在水平面的疏散距离，出入口通道的长度已经达到了 72m，根据相关规范，需要采取额外的措施来满足疏散要求，增加了工程的复杂性。由此可见，多跑直线楼梯主要可以应用在过街通道的入口部分，起到吸引人流进入地下的功能，在大埋深的地下公共空间中不宜将多跑直线楼梯作为主要疏散方式。

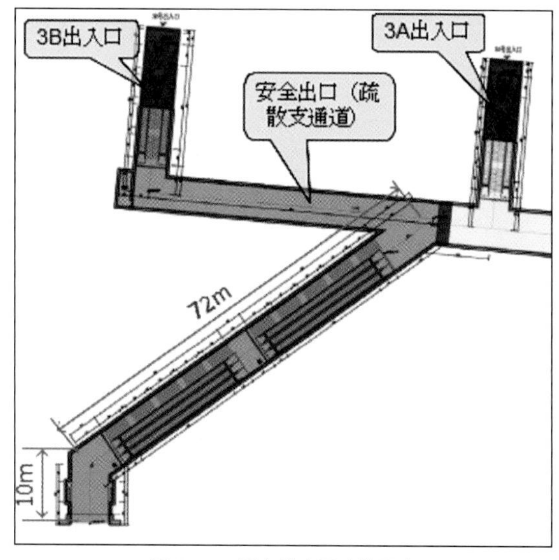

图 3-41 重光站水平疏散距离

双分转角楼梯也叫作"T"字形疏散楼梯，即人员到达休息平台后有左右两个疏散方向的梯段可供选择，整个楼梯梯段呈 T 字形布局。人流在休息平台处实现分流，可以通过两个方向疏散到室外，避免了疏散人员在平台处发生拥挤，缩短了疏散时间。同时，双分转角楼梯可将出入口设于马路两侧不同方向，结合地下商业街等功能吸引人群就近进入地下，有效提高了地下空间的使用效率。相比于其他形式的疏散楼梯，双分转角楼梯分流式疏散方式需要设置 2 个出入口，在大埋深的地下公共空间中开挖新的出入口工程造价较高，其经济性不如其他楼梯形式。此外设置出入口时需考虑城市地面空间整体景观规划。因此在实际工程中，需综合考虑城市景观、工程造价与疏散效率多方面因素，再决定是否采用双分转角楼梯。

3.3.2 自动扶梯

近年来，自动扶梯广泛应用于地下公共空间，承担着重要交通组织作用，尤其是商业空间、地铁站等人员流动密集的场所。自动扶梯的布置方式有并联排列式、串联式和交叉式。其中并联排列式自动扶梯可使每楼层交通连续，人员运动流线连续，升降两个方向分离清晰，但安装所占空间大；串联式自动扶梯，同样可使每楼层人员交通流线连续，安装面积较并联排列式要小；交叉式自动扶梯，人员流动升降两方向均连续，人员在升降流动过程中不易发生碰撞，并且安装所需空间较小。

通过对地下空间平面布置的收集总结，自动扶梯的分布位置有以下三种：

（1）中庭空间。例如南京市德基广场地下商场（图 3-42），其自动扶梯就设置在商场的中庭空间。自动扶梯与中庭空间结合设计，起到将人员向上层空间或下层空间进行引流的作用。二者结合大大改善地下空间的采光和空间效果。多以两部运行方向相反的扶梯并联排列，但人流较大时比较容易发生碰撞混乱，并且安装所需面积大，人员上下楼层交通不连续。

（2）空间中部。例如南京市大洋百货的三部自动扶梯分布在地下空间的中部（图 3-43），方便人流购物的需要。多以上下两部扶梯串联，使顾客在向上和向下两个方向可连续流动，不易发生混乱，安装所需面积较小。

（3）出入口。例如重庆解放碑国泰城市广场地下商场将自动扶梯设置在主入口附近（图 3-44），从空间角度方便了室内地下与室外地面直接连接，也利于采光，另外从商业方面来说方便人流由室外广场直接进入地下空间，增加商场的客流量。同样多以两部运行方向相反的扶梯并联排列，以便人员进出。

我国对自动扶梯的设置有明确的要求，《地铁设计规范》GB50157—2013 中规定：“自动扶梯的倾角宜在 30° 左右，有效宽度应设计为 1m，乘客的通过能力应小于等于 9600 人 /h，运行速度应采用 0.65m/s。”商业区自动扶梯还应符合以下规定：“倾斜角度不应大于 30°；上下两端水平距离 3m 范围内应保持通畅，不得兼作他用；各间距也不得小于 0.5m，避免对人员造成伤害。”规范要求除扶手外自动扶梯都必须采用不燃材料。但为了保护自动扶梯内部的设备，逆向运转的自动扶梯在 6min 内无法转为顺应人员疏散方向运转。因此，停止运行的扶梯在紧急情况下可当作普通楼梯进行人员疏散，还能分担一部分人流压力，但其疏散效率由于扶梯的宽度限制和踏步的高度影响会比普通楼梯有所折损。

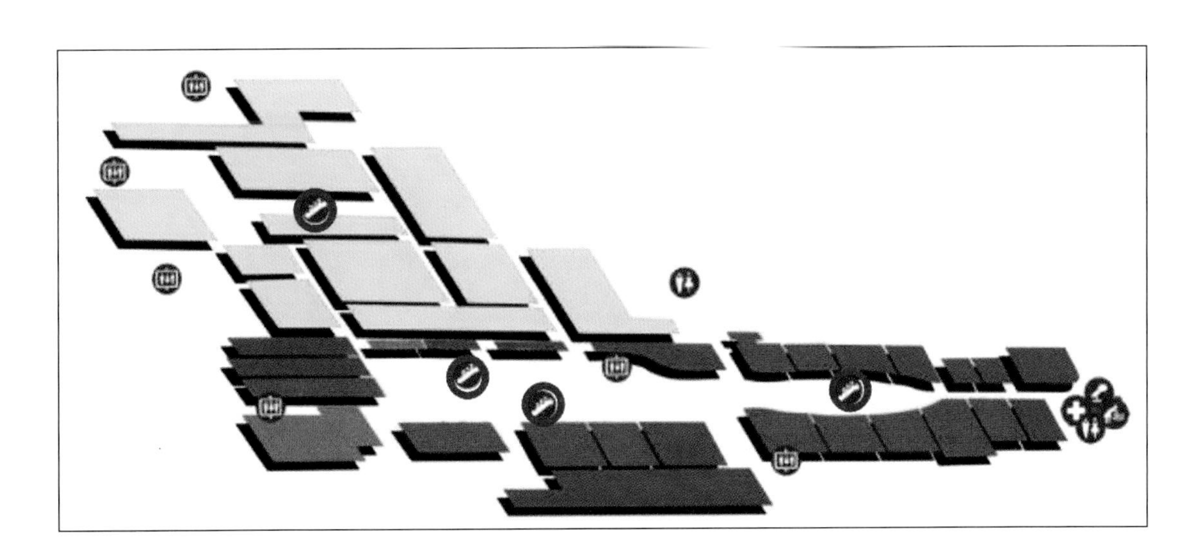

图 3-42　地下商场中庭空间自动扶梯分布

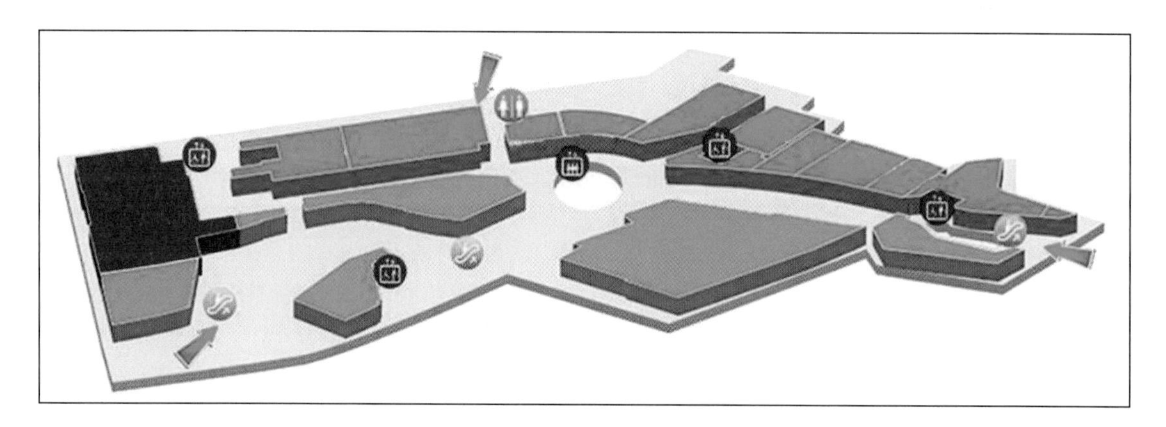

图 3-43 地下商场中部空间自动扶梯分布

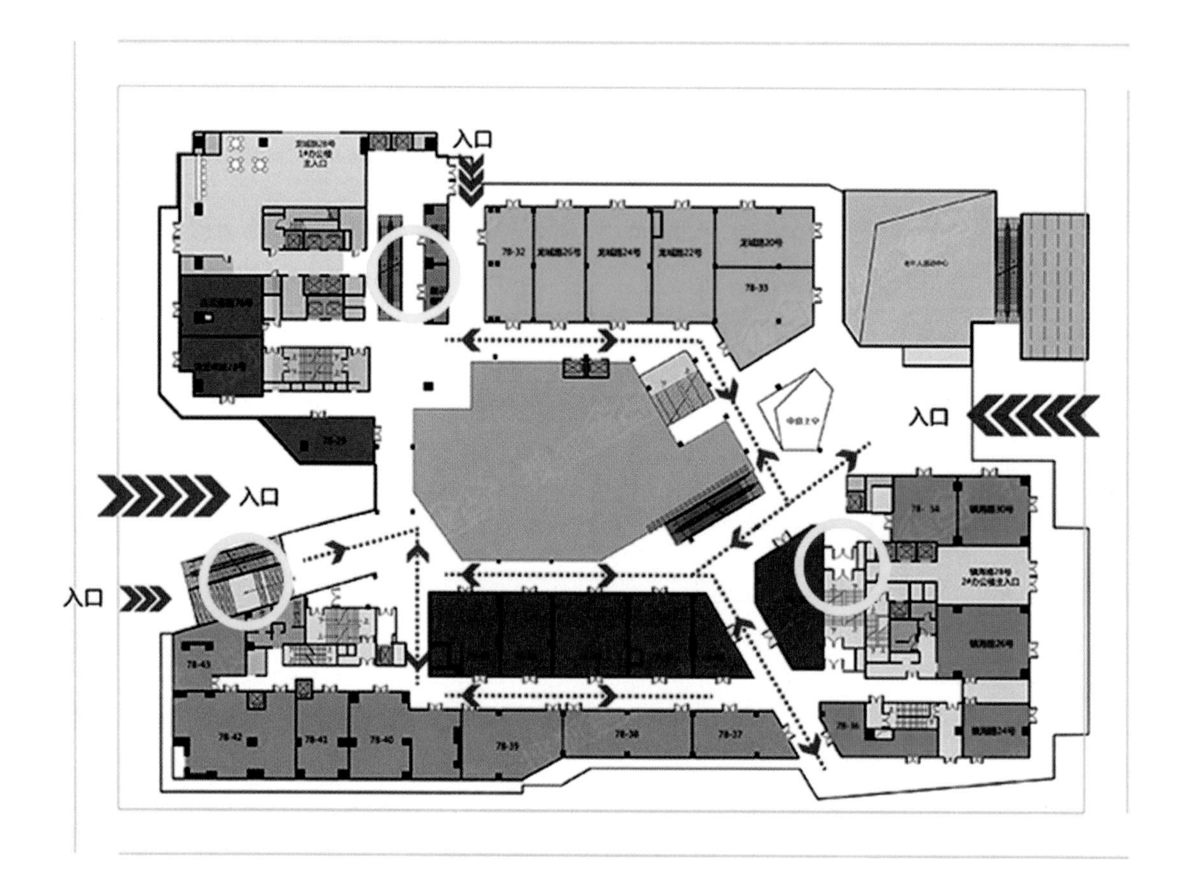

图 3-44 地下商场负一层出入口自动扶梯分布

3.3.3 电梯

我国《建筑设计防火规范（2018 年版）》GB 50016—2014 中明确规定："自动扶梯和电梯不应作为安全疏散设施。"同时，《火灾自动报警系统设计规范》GB 50116—2013 中也规定："消防控制室在确认火灾后，应控制电梯全部停于首层，并接收其反馈信号。"换句话说，电梯在火灾情况下不能用于人员逃生，主要有以下几个原因[75]：

（1）电梯安全隐患。由于火势蔓延或人为导致电源被切断；高温将导致电梯机械部件——门、悬挂系统等发生故障；另外，灭火时大量的水将导致电气部件、线路等出现短路或损坏。这些情况都将致使电梯停运，使电梯内的乘客被困，这时电梯不仅不能作为疏散工具，反而增加了风险程度。此时内部人员难逃脱，外部人员难营救，延误救援时间和浪费救援力量，因此在火灾情况下使用电梯存在一定的安全隐患。

（2）烟气侵害。普通电梯不会设置防烟前室，火灾产生的大量烟气将没有阻碍地直接蔓延到电梯轿厢，危及乘客安全。而且超深地下公共空间埋深越深，电梯井或楼梯井高度越大，烟囱效应越明显。电梯烟囱效应从电梯竖井的底部到顶部具有平滑的循环空间。电梯井内空气强化对流，将造成轿厢的"活塞运动"。

（3）恐惧心理。恐惧是人类的本能。在火灾中，人员恐慌的情况下，蜂拥挤进电梯这个密闭空间里，一方面可能会造成电梯超载，另一方面可能会造成人员大量拥堵在一处，进出困难，从而使得蔓延进烟雾造成中毒、缺氧，这些情况都将致使人员更加惊慌失措，互相挤压，引起混乱，导致电梯的疏散功能降低。

基于超深地下公共空间埋深大，人员疏散距离较长，疏散更加消耗体力，因此解决电梯疏散的弊端，提升电梯疏散功能，增加电梯疏散的可行性，是保障人员安全快速疏散的有效模式。可以从以下几个方面提升电梯的疏散可能性[76-77]：

（1）将普通电梯标准提升至消防电梯规格，采用耐火型电梯，设置消防前室，避免烟囱效应和活塞运动的产生。

（2）采用耐火电缆，即在电缆及其他线路表面涂刷防火涂料并用绝热耐燃材料包扎，重点部位用防火包包缠，可避免周围着火时线路被烧毁。

（3）可以另外加装 EPS 消防应急电源，形成多回路，使得正常情况下和紧急情况下供电正常，电梯正常运行。

另外，公安部消防局制定的《建筑高度大于 250 米民用建筑防火设计加强性技术要求（试行）》第七条规定：除消防电梯外，建筑高层主体的每个防火分区应至少设置一部可用于火灾时人员疏散的辅助疏散电梯，该电梯应符合下列规定：

（1）火灾时，应仅停靠特定楼层和首层；电梯附近应设置明显的标识和操作说明。

（2）载重量不应小于 1300kg，速度不应小于 5m/s。

（3）轿厢内应设置消防专用电话分机。

（4）电梯的控制与配电设备及其电线电缆应采取防水保护措施。当采用外壳防护时，外壳防护等级不应低于现行国家标准《外壳防护等级（IP 代码）》GB 4208 关于 IPX6MS 的要求。

（5）其他要求应符合现行国家标准《建筑设计防火规范》GB 50016 有关消防电梯及其设置要求。

（6）符合上述要求的客梯或货梯可兼作辅助疏散电梯。

利用电梯进行疏散，各国都开展了长时间的研究，目前还存在一定的争议，但对在一定条件下可使用电梯进行辅助疏散的看法基本趋于一致。目前，美国、英国等国家的建筑规范对高层建筑利用电梯进行辅助疏散进行了一定的规定。我国部分已建成和在建的超高层建筑也在利用电梯进行辅助疏散方面进行了尝试，积累了一定经验，如上海中心大厦、上海环球金融中心、深圳平安国际金融中心、天津周大福金融中心、北京中国尊等。结合消防电梯及其设置要求，规定了辅助疏散电梯的设置要求。辅助疏散电梯平时可以兼作普通的客梯或货梯，但需要制定相应的消防应急响应模式与操作管理规程，确保辅助疏散电梯在火灾时的安全使用。辅助疏散电梯停靠的特定楼层指避难层，以及根据操作管理规程需要在火灾时紧急停靠的楼层。

因此参照《建筑高度大于 250 米民用建筑防火设计加强性技术要求（试行）》的要求，电梯可用于超深地下公共空间的人员疏散，并能有效保障电梯内乘客的安全，从而提高超深地下公共空间中的人员疏散效率。

3.4 超深地下公共空间应急设施

3.4.1 火灾自动报警系统

火灾发生初期，由于地下空间的封闭性，地面上的人员很难及时了解情况，此时必须通过地下空间内部人员报警或火灾探测设备的检测才能发出火灾报警信号，外界才能接收到讯息组织营救，导致可能错过最佳救援时间。因此优化火灾初期阶段火灾自动报警系统，缩短探测时间，能够有效地阻止火灾的进一步扩大，降低生命、财产的损失，从而营造出良好的消防安全环境。

火灾自动报警系统由四部分组成：探测触发装置、火灾报警装置、联动输出装置以及其他辅助功能装置（图 3-45）。其原理是将火灾初期燃烧产生的浓烟、温度、火焰等物理量，经过火灾探测器转变成电信号，再将包含火源位置以及发生时间的信号传输到火灾报警控制器，提醒人员及时发现火灾并采取有效措施，一方面紧急撤离，一方面控制火情，最大限度地减少因火灾造成的损失[78]。

火灾探测器是火灾自动报警系统的传感部件，且最接近火灾源头。目前常用的火灾探测器类型有感烟、感温、感光、复合及可燃气体探测器五种系列（表 3-16）。绝大多数物质在燃烧开始阶段先产生烟雾，根据超深地下公共空间火灾特点，以及各类型火灾探测器的适用场所，要实现早期发现火灾，减少火灾损失，可设置复合感烟感光探测器，并提高其灵敏性，以在超深地下公共空间发挥其良好效果。

火灾报警控制器是火灾自动报警系统的核心，具有火灾报警、故障报警、火灾优先、时间记忆、自检功能作用[79]（表 3-17）。当接收到火警信号时，立即发出火灾警报，提醒人员尽快逃离现场。优化控制器的性能，也将提高整个系统的可靠性。

火灾初期，火灾自动报警系统发挥着重要作用，其中探测器的类型选择与控制器性能优化决定着整个系统的可靠性与及时性，优化其性能，将缩短火灾情况下必需安全疏散时间中非人员因素时间的消耗。

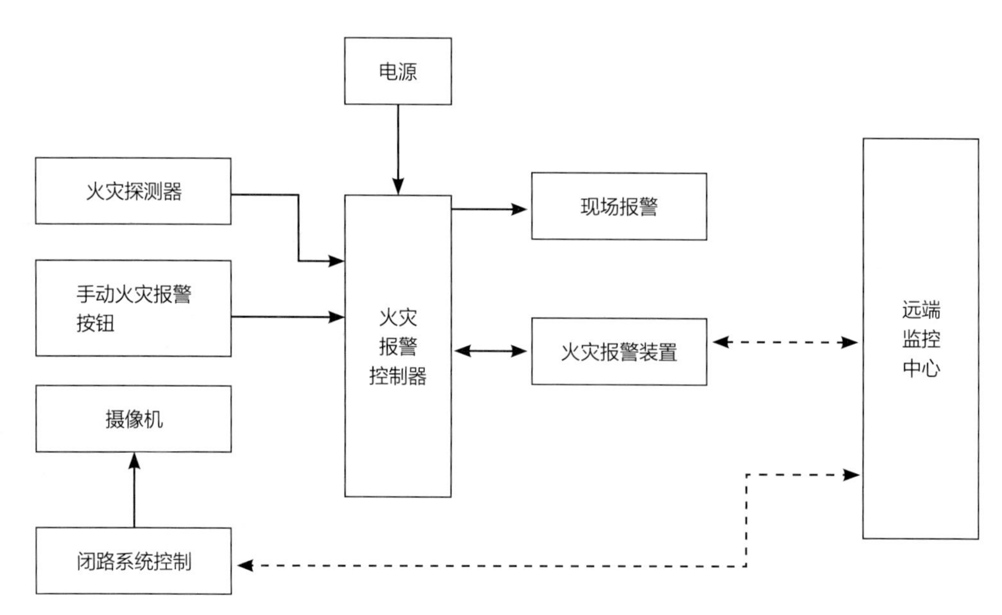

图 3-45 火灾自动报警系统原理图
资料来源：作者自绘

表 3-16　火灾探测器分类

<table>
<tr><th>类型</th><th colspan="3">具体类别</th><th>应用</th></tr>
<tr><td rowspan="4">感烟探测器</td><td rowspan="2">线型</td><td colspan="2">分离式红外光束型</td><td rowspan="4">主要应用于低粉尘环境、对火灾初期有阴燃阶段，产生大量的烟和少量的热的场所，如电脑机房、宾馆、办公楼、商场、列车载客车厢等</td></tr>
<tr><td colspan="2">激光型</td></tr>
<tr><td rowspan="2">点型</td><td colspan="2">离子感烟型</td></tr>
<tr><td colspan="2">光电感烟型</td></tr>
<tr><td rowspan="7">感温探测器</td><td rowspan="3">线型</td><td rowspan="3">差温
定温</td><td>管型</td><td rowspan="7">适用于湿度大、粉尘、蒸汽及正常情况下有少量烟雾场所，如发电机房、汽车库、吸烟室、厨房、锅炉房等建筑物内，不适用于阴燃火灾场所</td></tr>
<tr><td>电缆型</td></tr>
<tr><td>半导体型</td></tr>
<tr><td rowspan="4">点型</td><td rowspan="4">差温
定温
差定温</td><td>双金属型</td></tr>
<tr><td>膜盒型</td></tr>
<tr><td>易熔金属型</td></tr>
<tr><td>半导体型</td></tr>
<tr><td rowspan="2">感光探测器</td><td colspan="3">紫外光型</td><td rowspan="2">适用于火灾发展迅速，有强烈的火焰辐射和少量烟、热的场所</td></tr>
<tr><td colspan="3">红外光型</td></tr>
<tr><td rowspan="4">可燃性气体探测器</td><td colspan="3">催化燃烧型</td><td rowspan="4">适用于火灾初期有阴燃阶段且需要早期探测的场所，以及使用、生产可燃气体或可燃蒸气的场所</td></tr>
<tr><td colspan="3">气敏半导体型</td></tr>
<tr><td colspan="3">光电式型</td></tr>
<tr><td colspan="3">固定电介质型</td></tr>
<tr><td>复合式火灾探测器</td><td colspan="3">感温感烟、感光感温、感光感烟等</td><td>同一探测区域内设置多个火灾探测器时，可选择具有复合判断火灾功能的火灾探测器</td></tr>
</table>

资料来源：作者整理

表 3-17　火灾报警控制器作用

作用	过程
火灾报警	探测器或手动报警开关将火警信号传递给报警器并发出火灾警报
故障报警	系统正常运行时也分时段进行巡检，一旦发现异常就会传递信号并发出声光报警，该信号包括故障类型与编码
火灾优先	当火灾与检查到故障同时发生时，优先发出火警信号，清除完后继续发出故障报警信号
时间记忆	可通过编程控制系统中时钟走时，储存单元记忆火警发生时间，保证事后全面确定灾情
自检功能	可定期或不定期模拟火灾报警，以确保系统正常运转，避免发生故障，从而确保系统的准确性

资料来源：作者整理

3.4.2 消防灭火系统

超深地下公共空间的特殊地理位置，使得火灾发生时消防救援难度大，大型灭火设备无法进入现场，无可借助的外部灭火设施，只能通过空间内所设置的消防设备进行扑救。目前我国常用的系统类型有湿式系统、干式系统、预作用系统、雨淋系统和水幕系统等，其中在已安装的自动喷水灭火系统中，70%以上为湿式系统。根据《自动喷水灭火系统设计规范》GB 50084—2017 中的规定，超深地下公共空间由于物品密集、人员密集，发生火灾频率较高，易酿成大火造成群死群伤和高额财产损失的严重后果，因此列入中危险级Ⅱ类（表 3-18）。

早期抑制快速响应喷头（ESFR）是专门为仓库开发的专用型喷头，与标准流量洒水喷头相比，该喷头在火灾初期能快速反应，对于净空高度不超过 12m 的空间，水滴产生的冲量能穿透上升的火羽流，直至燃烧物表面。早期抑制快速响应喷头的优点：快速自动扑灭初期火灾，降低不确定性风险；火灾时起降温作用，防止温度对结构产生较大影响；在火灾初期有效地吸收部分烟气，降低对人员疏散的影响（表 3-19）。

表 3-18 自动喷水灭火系统基本设计数据

<table>
<tr><th colspan="2">火灾危险等级</th><th>最大净空高度 h(m)</th><th>喷水强度 [L/(min · m²)]</th><th>作用面积（m²）</th></tr>
<tr><td colspan="2">轻危险级</td><td rowspan="5">$h \leq 8$</td><td>4</td><td rowspan="3">160</td></tr>
<tr><td rowspan="2">中危险级</td><td>Ⅰ级</td><td>6</td></tr>
<tr><td>Ⅱ级</td><td>8</td></tr>
<tr><td rowspan="2">严重危险级</td><td>Ⅰ级</td><td>12</td><td rowspan="2">260</td></tr>
<tr><td>Ⅱ级</td><td>16</td></tr>
</table>

资料来源：《自动喷水灭火系统设计规范》GB 50084—2017

表 3-19 两种自动喷水灭火系统综合比较表

灭火系统	雨淋系统	ESFR 湿式系统
灭火效果	一般	好
水渍损失	大	小
灭火用水量	70L/s	90L/s
工作压力（K：流量系数）	0.05MPa（K=80）0.1MPa(K=115)	0.5MPa（K=200）0.2MPa（K=360）
维护管理	简单	简单
工程造价	一般	较高

比较目前超深地下公共空间中使用较多的雨淋系统与采用早期抑制快速响应喷头的湿式系统这两种自动喷水灭火系统，并综合分析早期抑制快速响应喷头优点，得出在超深地下公共空间中使用早期抑制快速响应喷头，在火灾初期能快速反应，缩短 RSET 中事故探测时间，并且起到很好的保护作用。

3.4.3 疏散标识系统

合理易辨的疏散标识系统作为疏散辅助设施，是地下空间安全疏散设计的重要组成部分。在空间规模大而平面构成复杂的地下公共空间中，大多数人员对疏散路线和程序并不熟悉，仅仅依靠清晰简洁的平面布局对于紧急疏散远远不够。火灾发生后疏散标识是被困人员最容易接触到的应急系统，是引导人员疏散的最常见选择。在《建筑设计防火规范（2018 年版）》GB 50016—2014、《消防应急照明和疏散指示系统》GB 17945—2010 中对疏散标识的设置有明确的规定。清晰有效的标识设计不仅能引导受灾人员沿正确的方向进行疏散，缩短应急疏散时间，降低火灾的伤亡事故，也能使救援人员迅速确定消火栓等救援设备的具体位置，快速对火灾进行扑救，确保救援工作顺利进行。在深度超过 50m 的超深地下公共空间中发生火灾后，除了常驻的工作人员以外，有很大一部分人员在疏散时需要依靠安全疏散标识的指示。受自身特殊的物理环境限制，地下空间内无法自然采光，火灾发生后切断地下电源将导致能见度进一步降低，加之火灾伴随着浓烟的影响，被困人员很难分清正确的疏散方向。为提升疏散标识在实际应用中的引导效果，可采用视觉、听觉和触觉多种形式的疏散标识，通过优化标识的颜色、外观等物理属性，保证紧急状况下能引导人群在最短时间内找到逃生出口或安全避难处。国外对于地下空间中疏散标识的设计进行了许多大胆的探索和创新，并在实际应用中取得了不错的效果。例如在 2007 年通车的法国 A86 公路西线隧道将逃生指示标识放大绘制于逃生出口周围的整个墙面，采用橙、绿两种对比色搭配显著的灯光标识极大加深了人群的印象（图 3-46）；法、意边境的勃朗峰隧道中将避难室入口防火门用高对比度颜色及高亮度灯光与墙面区分开来，防火门两侧设有指示灯，当火灾事故发生时，灯光会自动闪烁，以提醒被困人员疏散口的位置（图 3-47）；在韩国釜山地铁站采用了新型疏散标识装置，该标识装置除了在光线充足时承担常规的指引功能外，遇到火灾或停电等照度不够的紧急情况时，装置能发出告警声音并触发灯光闪烁功能，采用视觉和听觉两种提示方式引起人群注意[80]。

图 3-46　法国 A86 公路西线隧道

图 3-47　法国勃朗峰隧道疏散出入口

目前超深地下公共空间中普遍使用的疏散标识绝大部分是固定方向指示，具有一定局限性。然而人员安全疏散一方面与火源地点以及产生的浓烟扩散方向有关，另一方面还与后续管理人员指挥的疏散路线以及相关疏散设施设备实时状态有关。

在火灾发展阶段，仅靠电力系统提供照明的超深地下公共空间中，烟气的存在通常会降低空间内环境的照度、疏散标识的可见度，从而影响疏散指示标识的效能以及人员对安全疏散方向的识别度，导致疏散效率低下。例如戴高乐机场（图 3-48），路标用鲜明的黄色，法文字母用黑色，英文字母白色，电梯门使用明亮的绿色等；迪拜某购物中心停车场每层均采用不同的颜色，出口则采用柠檬黄这种明度高的色彩突出（图 3-49）。借鉴戴高乐机场及迪拜某购物中心停车场指示系统对空间布局中大面积色彩的运用，在超深地下公共空间中将某些特殊部位采用明亮的色彩，与大背景形成对比突出效果，在人员安全疏散的过程中较传统指示标识理论上更能起到引导效果。

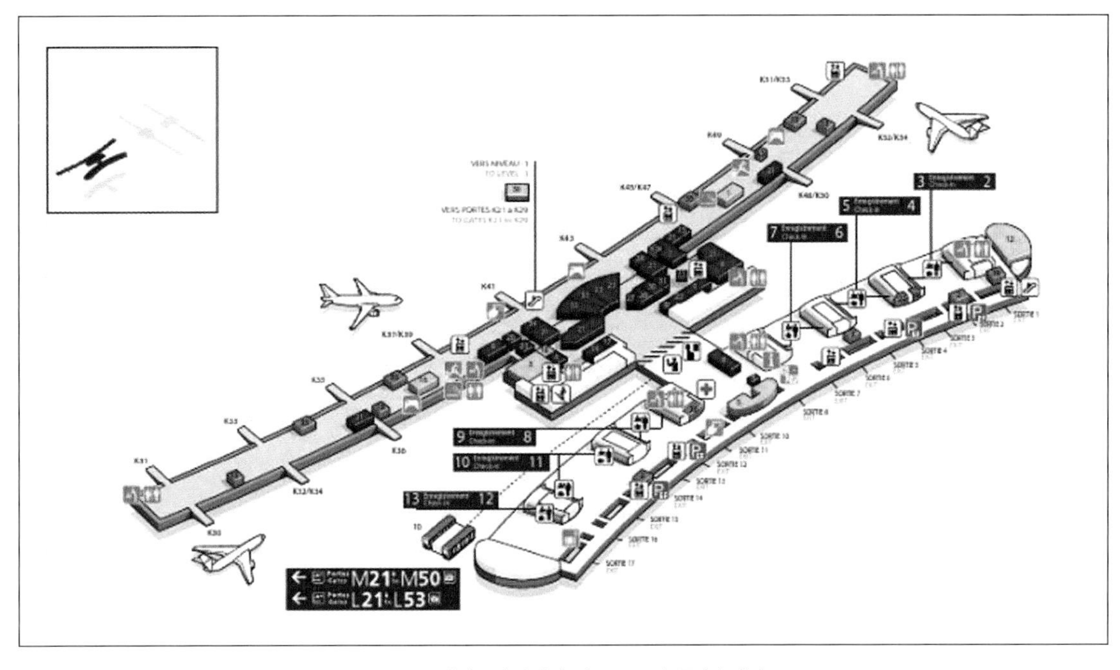

图 3-48　戴高乐机场候机室平面示意图（部分）

图 3-49 迪拜购物中心地下停车场指示系统

将智能疏散指示系统与大面积色彩指示标识相结合，将固定方向就近疏散的传统模式优化为远离火灾的主动疏散模式，智能疏散指示系统（图 3-50），即集中控制型消防应急照明和疏散指示系统，采用应急照明控制器（主机）+ 集中电源 + 分配电装置 + 灯具四层结构组网模式。通过与火灾报警系统的联动，能够获取火灾现场信息并快速针对就近出口做出分析，动态实时调整指示系统，确保疏散路径的安全性以及群众的人身安全。

除形式、颜色等标识自身物理属性外，设置应急疏散标识时其位置和高度也对实际疏散效果起着关键作用。进行紧急疏散时，人群视线的垂直方向有行人、设备管线、地下构筑物等多种遮挡物影响人的视野，疏散标识的悬挂高度，将会直接影响到人的视线范围。一般认为人的最佳视觉角度为视线与水平线成 10° 夹角，此时人感觉最舒适自然 [81]。图 3-51 和图 3-52 模拟真实疏散时的拥挤状态，以研究对象身前 5m 有行人遮挡为例，分别分析了对于普通行人和残疾人两种类型的对象而言疏散标识的最佳悬挂高度。从图 3-51 可以看出，在最佳视觉角度下，以正常人的视点高度 1560mm 计算，在前方 5m 有 1680mm 的行人遮挡的情况下，通过调整导向标识的离地距离发现在离地 2.5m 时标识刚好位于人的视野容易看到的范围，可见宽度大约为 2m。而轮椅上的人员由于视点高度低于一般人，在前方有遮挡的情况下可见范围与一般人不同。因此当地下公共空间中需要设置针对轮椅使用者的应急疏散标识时，考虑其可视范围的特殊性不宜采用落地式，应适当提高标识设置高度，保证轮椅人员能看清标识，如图 3-52 所示。

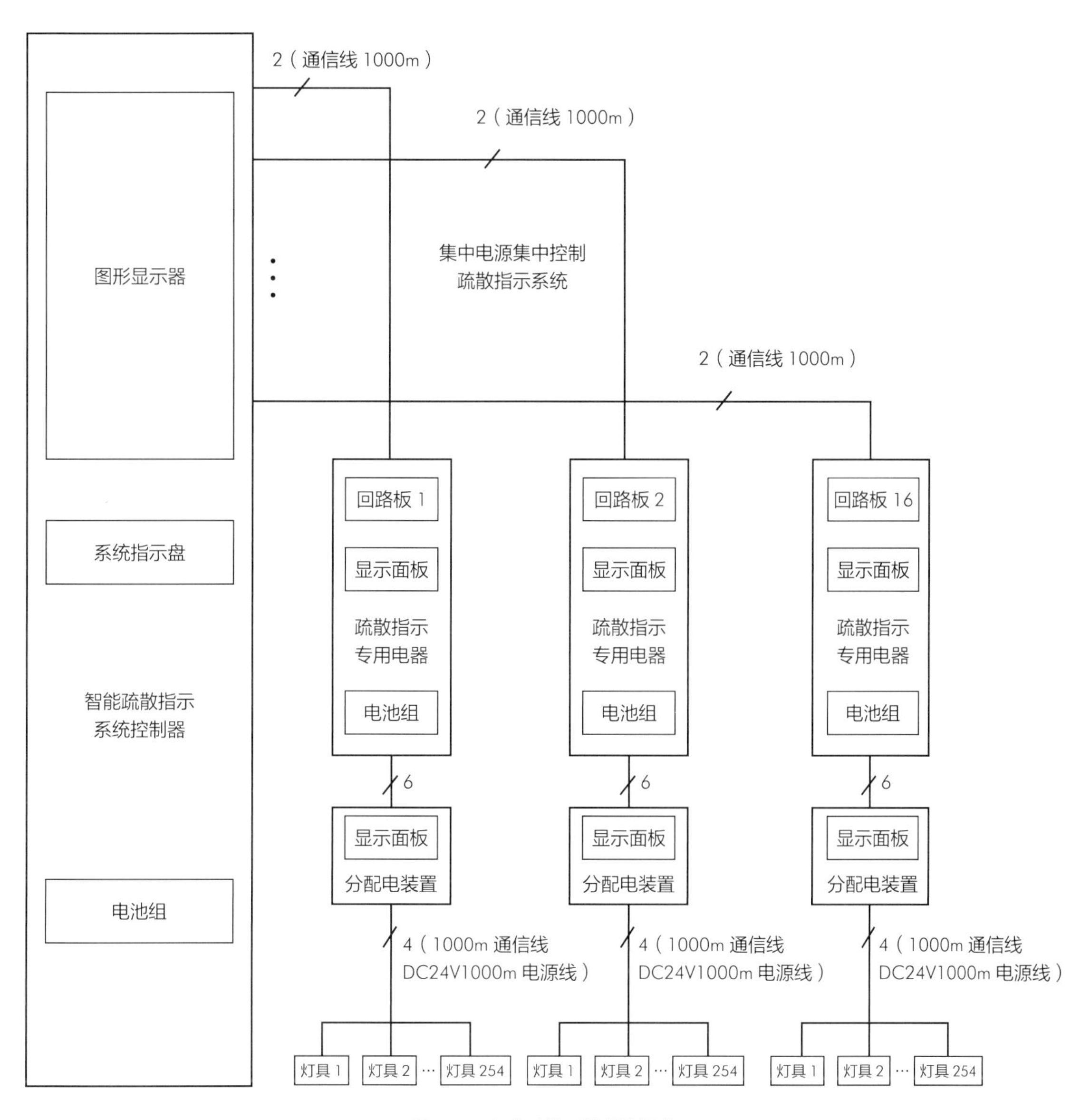

图 3-50　智能疏散系统结构组成

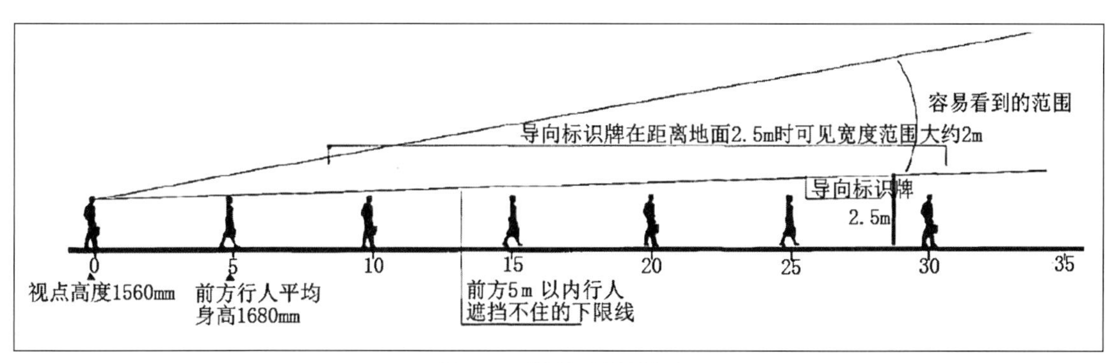

图 3-51　普通行人视野范围

资料来源：改绘自王瑾 . 让残障者无障碍通行——浅谈城市导向标识系统中的无障碍设计 [J]. 中国建筑装饰装修，2007(12): 132-137.

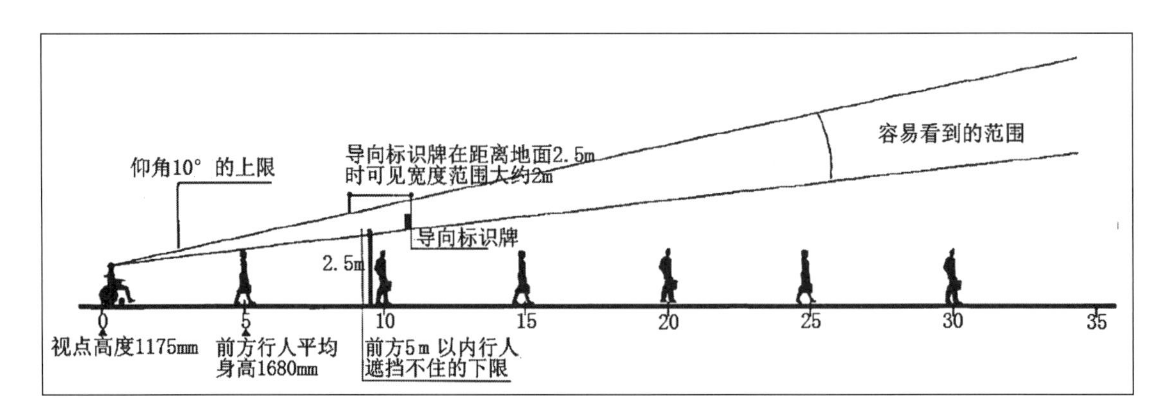

图 3-52 残疾人视野范围

资料来源：改绘自王瑾 . 让残障者无障碍通行——浅谈城市导向标识系统中的无障碍设计 [J]. 中国建筑装饰装修，2007(12): 132-137.

在地下公共空间中的交叉口等人流聚集点常常可见平面布置图和疏散路线图一类具有大量疏散指示信息的板式标识，在标识中包含有地下空间的地图、出入口的位置以及水平和垂直的交通流线（图 3-53）。对于这类带有详细信息的板式标识，应采用与周围墙面区分的颜色保证相关人员在 15 ～ 20m 外发现看板。由于标识自身包含的信息量大，板式标识通常应立于地面而不宜悬挂过高。通过现有研究得出的结论：当使用者在仰角 25° 、俯角 35° 的正常视野范围内，距离导向标识牌 1m 时，为了使导向标识牌的可视范围最大，标识牌的中心点应设置在距离地面 1.35m 左右，如图 3-54 所示。如果是针对残疾人的导向标识牌，为满足坐在轮椅上的使用者的最佳视野范围，则导向标识牌的中心点要下降近 0.35m[82]。

图 3-53 地下轨道交通中的板式标识

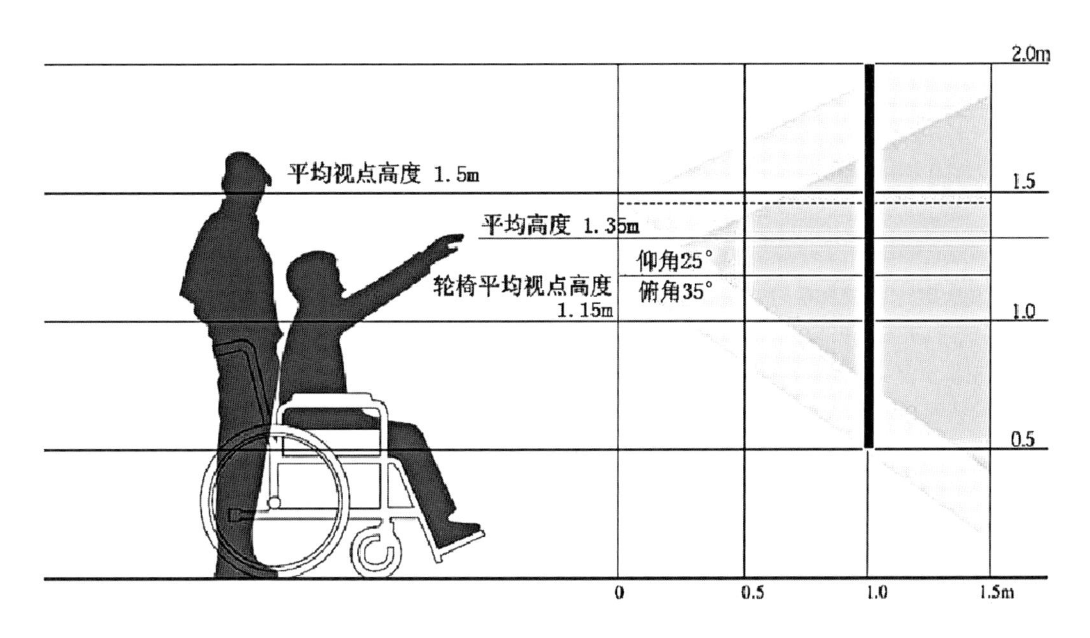

图 3-54 不同人群的最近视野范围

资料来源：王瑾 . 让残障者无障碍通行——浅谈城市导向标识系统中的无障碍设计 [J]. 中国建筑装饰装修 , 2007(12): 132-137.

3.4.4 应急照明

应急照明包括火灾应急照明和非火灾应急照明两种情况。《建筑照明设计标准》GB 50034—2013 中规定应急照明分为三类：备用照明，指为保证场所内正常工作或活动继续进行而设置的照明，其照度除有特别规定外，一般不应低于该场所内正常照明照度值的 10%；安全照明，指为确保人员安全维持工程内基本秩序不致混乱而设置的照明，照度值不应低于该场所一般照明照度值的 5%；疏散照明，指为保证疏散指示和安全出口正常工作所需的照明，照度值不应低于 0.5lx。对于应急照明的布置位置，根据《民用建筑电气设计标准》GB 51348—2019 中相关规范的要求，在下列部位应设置备用照明：

（1）疏散楼梯（包括防烟楼梯间前室）、消防电梯及其前室或合用前室等。

（2）每层人员密集的公共活动场所、消防控制室、建筑面积超过 200m² 的演播室、电话总机房以及在火灾时仍需要坚持工作的其他房间等。

（3）通信机房、计算机房、中央控制站、安全防范控制中心等重要技术用房。

对于设置有应急照明设备的地下公共空间，其照明的持续供电时间与照明设备的照度是决定应急照明能否在火灾中发挥作用的决定性因素。《民用建筑电气设计标准》GB 51348—2019 中对应急照明设备的最小持续时间与照度做出了相应的要求，如表 3-20 所示。

表 3-20 应急照明设备的最小持续时间与照度要求

区域类别	区域举例	最低持续供电时间（min）	最低照度要求（lx）
平面疏散区域	医疗建筑、100000m² 以上的公共建筑、20000m² 以上的地下及半地下公共建筑	≥60	≥3
竖向疏散区域	疏散楼梯	≥30	≥5
消防工作区域	消防控制室	≥180	—
	配电室	≥180	—
	风机房	≥180	—

数据来源：《民用建筑电气设计规范》JGJ 16—2008

3.4.5 应急电源

应急电源（EPS）是指当地下公共空间中遭遇火灾或其他突发紧急情况需要切断主电源时，解决消防设施、应急照明、事故照明灯一级负荷供电设备的应急电源，是符合消防规范具有独立回路的应急供电系统，一般采用可提供紧急供电的蓄电池组和发电机组组合供电。当遇到意外情况照明电压不稳，一旦电压低于额定电压的60%时照明设备即无法保证设计使用的最低照度，此时就应该转换到应急电源（EPS）供电。选择应急照明电源时需要综合考虑其持续供电时间、所设置的场所、电源转化时间等诸多因素。根据《消防应急照明及疏散指示系统》GB 17945—2010中第6.3.1.1条规定，当正常电源发生故障，应急照明的转换时间应满足以下规定：备用照明以及应急疏散照明应在15s之内实现正常转换；消防控制室及防排烟机房等重要区域的应急转换时间不应大于0.25s；火灾事故照明实现正常转换的实际时间不应大于0.5s。

对于应急电源（EPS）转换时间，在《消防应急照明及疏散指示系统》GB 17945—2010中第6.3.1.1条规定：系统的应急工作时间不应少于90min，且不应少于灯具本身标称的应急工作时间。相关学者在研究应急电源的额定功率时，采用了安全系数 k 来进行评估，k 的取值直接与应急供电时间挂钩，如表3-21所示，应急供电时间越长，则响应安全系数越高[83]。

表3-21 应急供电时间与安全系数的关系

应急供电时间（min）	安全系数 k
90	1.2～1.5
120	1.6～2.0
180	2.4～3.0

数据来源：《消防应急照明系统设计与应用》

第 4 章

超深地下公共空间安全疏散设计分析

现代超高层建筑的安全疏散有不少在尝试采用电梯作为人员垂直应急疏散的工具，与此疏散方向相反的超深地下公共空间，其安全疏散方式可以借鉴超高层建筑在这方面的做法。因此，为解决超深地下公共空间中人员疏散难的问题，本书从建筑设计层面出发结合相关法规要求，提出了安全疏散体这一概念，将安全疏散体与下沉式避难空间相结合形成一种综合性安全疏散模式，并分析各种可行的疏散模式，为超深地下公共空间的疏散设计提供新的思路。

4.1 安全疏散体的概念

4.1.1 安全疏散体的定义

超深地下公共空间中人员疏散最大的难度在于垂直方向的疏散，由于现行防火规范中明文要求电梯不能作为应急疏散工具，火灾发生时人群需要自己爬升数十米才能到达室外安全区域。与超深地下空间相类似，超高层建筑也面临紧急情况下垂直方向疏散困难的问题。为了解决这一问题，目前许多超高层建筑已经考虑运用电梯作为人员应急疏散设施。在美国消防协会制定的 2009 年《全美消防法规》的附录中，也添加了“在火灾情况下，可以有条件地使用电梯”这一说明[84]。因此，为解决超深地下公共空间疏散问题，可以参考超高层建筑的方式，考虑将安全疏散电梯与楼梯整合，形成一种新的疏散综合体，即“安全疏散体”。通过垂直方向开挖，楼梯与电梯共同疏散，安全疏散体的出口直接通向室外（图 4-1）。疏散体内参照高层建筑的疏散经验设置缓冲层和穿梭电梯，为不同身体状况的人员提供疏散选择。每个疏散体通过前室与地下避难走道相连（图 4-2）。

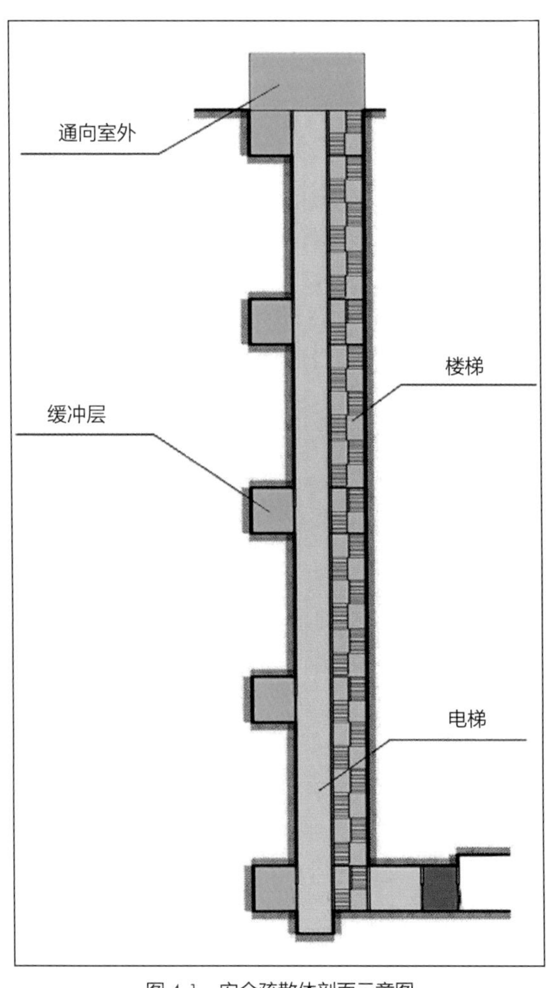

图 4-1 安全疏散体剖面示意图

根据工程埋深、疏散总人数，合理控制电梯与楼梯的数量比例，保证所有疏散楼梯与电梯均满足消防疏散要求（图 4-3）。为保证安全疏散体中电梯在火灾发生后在人员疏散时间段内能够正常工作，应当给电梯配置独立的供电线路，对线路的保护可以采用穿金属管明敷或者暗敷墙内两种方式。除了对电路予以保护以外，还应当配备应急电源，如采用应急发电机供电。消防电梯井、电梯机房与其他管道井之间应采用耐火极限不低

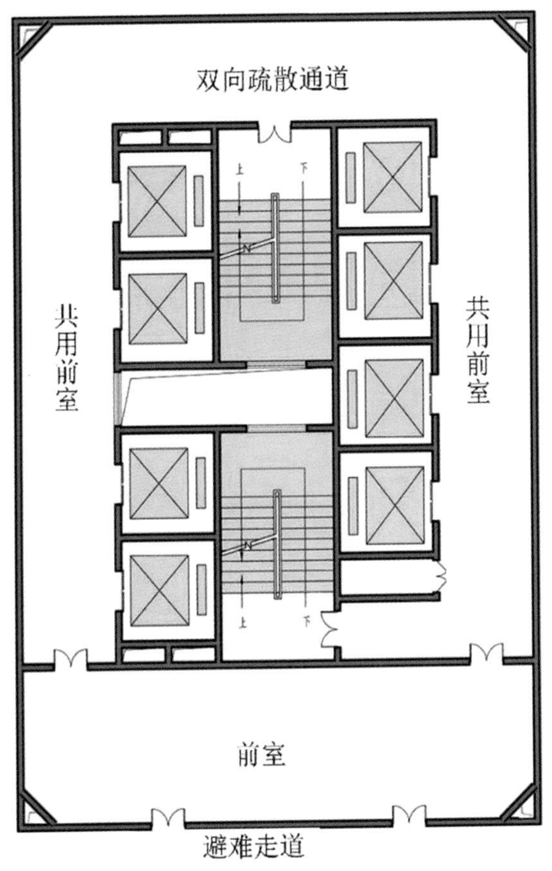

图 4-2　安全疏散体平面图

于 2h 的隔墙隔开，当在隔墙上开门时，应设甲级防火门。考虑到地下工程用楼梯疏散时疏散距离长，人员体力消耗大，在防烟楼梯中借鉴了超高层疏散里的“避难层”的概念，每隔 15m 左右设置有缓冲休息层，供疏散人员停留、休息。前室、电梯厅、缓冲层及各楼层均有显示离地面距离、预计步行至出口时间及下一次电梯到达时间等相关安全疏散信息。火灾发生时，单个安全疏散体可视作独立的安全避难区域，保证有毒气体短时间内无法进入。

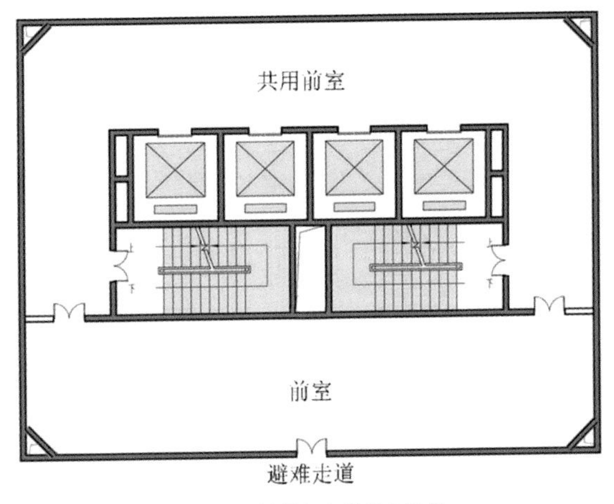

图 4-3　楼梯与电梯组合疏散

4.1.2 安全疏散体的适用范围

《建筑设计防火规范（2018 年版）》GB 50016—2014 中第 5.5.4 条规定：“自动扶梯和电梯不应计作安全疏散设施。”楼梯作为最传统的，也是目前唯一倡导的一种疏散方式，一直是发生火灾时人员逃生的首选。地面多层建筑楼层低、疏散快，用成本较低而且安全系数高的楼梯作为安全疏散通道完全可以达到疏散要求。在深度超过 50m 的地下公共空间，如果单纯使用楼梯从地下几十米疏散至地面，人的体力消耗极大，这种疏散方式不适用于残疾人和行动不便的老人等弱势群体。研究表明，在公共场所残疾人所占比例为 8%，其中 0.14% 使用轮椅 [85]。安全疏散体中将电梯作为主要疏散方式，突破了紧急情况下只能靠楼梯疏散的传统设计思维。电梯的疏散过程不受逃生人群的年龄、性别、健康状况等影响，在使用主体复杂的超深地下公共空间中有广泛的应用前景。《建筑设计防火规范》可参照对消防电梯的有关规定，对安全疏散体中电梯的载重量、行驶速度、电梯轿厢装修材料等作出明确要求，使其在火灾条件下保持运行的可靠性。国内工程如在建的北京最高建筑“中国尊”，已投入使用的港珠澳大桥等，均将电梯作为垂直疏散方式。已有项目的成功经验证明在深于 50m 的地下公共空间中存在使用电梯疏散人流的可行性，安全疏散体中楼梯与电梯综合疏散的设计思路在深开挖的地下空间中具有广泛的适用性。

4.1.3 安全疏散体的功能

在进行疏散设计时，最终目的是保证人员在火灾发展至危险程度的时间内疏散完毕。地下公共空间中人员疏散时间（REST）由水平疏散时间和垂直疏散时间两部分构成。现行规范下，深度超过 50m 的超深地下空间人员在紧急情况下只能通过徒步爬楼梯的方式疏散至室外安全区域。动辄数十米的高差对火灾发生时处于惊恐状态的人群疏散难度巨大，在大型地下公共空间中难以保证所有人在短时间内得到安全疏散。同时，由于火灾发生时产生的有毒气体密度比空气轻，易形成烟囱效应，烟气向上流动与地下人员疏散方向一致，进一步加剧了火灾的致命性，对人员疏散提出了更高的要求。为此，在安全疏散体内部设置防烟前室，通过加压送风，能有效阻止烟气进入安全疏散体内。每个安全疏散体可视为一个临时避难区域，火灾发生时，人群只需疏散至最近的安全疏散体中，即可视为暂时安全，疏散时间（REST）只由水平疏散构成，降低了疏散难度。安全疏散体内楼梯与电梯组合式疏散，人员可以根据自身身体状况与电梯拥挤情况自行选择疏散方式，提升了垂直方向疏散效率。因此，通过设置安全疏散体能将疏散时间（REST）相对缩短，提升地下空间垂直方向疏散效率，有效解决超深地下公共空间疏散难题。《建筑设计防火规范（2018年版）》GB 50016—2014 对地下建筑中直通地面的出口数量和避难走道的疏散距离有明确要求。对于深度超过 50m 的地下工程，受施工环境和施工复杂程度制约，每设置一个新的直通地面的出口需要开挖大量的土方，采用新增出口的方式解决疏散问题直接影响工程的经济性。统计显示地下建筑单位工程造价接近地面的 3 倍，在超深地下工程中安排人员通过安全出口直接到达安全区域的脱离性疏散需要付出较大的经济代价，宜采用临时性疏散。临时性疏散是指人员在紧急情况下先向避难空间转移，通过避难空间进一步向室外移动，到达安全区域[73]。通过设置安全疏散体，紧急情况下人员只需疏散到安全疏散体内即可视为暂时安全，发挥了临时避难场所的作用。采用分段式疏散缩短了人员在水平方向的疏散距离，为人流向上疏散提供过渡与转换空间。每个安全疏散体中均将电梯作为主要疏散方式，大大缩短了疏散时间，相较于传统的楼梯疏散，在深度超过 50m 的地下公共空间有更大的使用价值。

4.2 超深地下公共空间设置安全疏散体的可行性

4.2.1 现行相关规范解读

《建筑设计防火规范（2018 年版）》GB 50016—2018 和《人民防空工程设计防火规范》GB 50098—2009 都对楼梯用作应急疏散时应符合的标准有明确的要求。而在深度超过 50m 的超深地下空间中，仅仅依靠楼梯难以保证在安全时间内将人群疏散完毕。《人民防空工程设计防火规范》GB 50098—2009 第 5.2.1 条规定："人防工程的公共活动场所，当底层室内地坪与室外出入口地面高差大于 10m 时，应设置防烟楼梯间；当地下为两层，且地下第二层的地坪与室外出入口地面高差不大于 10m 时，应设置封闭楼梯间。"主要规定了地下商场、展览厅、娱乐场所等公共建筑中疏散楼梯的要求，没有明确规定电梯不能作为安全疏散设施。与超深地下空间一样面临疏散困难的高层建筑中，已经考虑采用电梯疏散。消防电梯有一系列的火灾防护要求，以保证在火灾发生时能保持正常运行和乘坐人员的安全。在发生火灾时，消防电梯能保持正常运行，运送救援人员及消防设备进入火场，将极大地减轻消防员灭火准备工作的体力消耗，是重要的消防设备。消防电梯应用在高层建筑中的成功经验说明在紧急情况下可以将电梯作为应急疏散方式，当前主要受制于电梯的可靠性和疏散人数众多而禁止用电梯疏散。安全疏散体中如果参照消防电梯标准，将普通电梯提高到消防电梯的安全标准，是可以达到安全疏散的目的的。

4.2.2 安全疏散体的分析

与传统的楼梯疏散方式相比，安全疏散体中采用了楼梯与电梯相结合的组合式疏散。在深度超过 50m 的超深地下空间中，采用电梯疏散能大大节省人群在垂直方向的疏散时间，但是对疏散设计也提出了更高的要求。为了保证安全疏散体满足疏散需求，必须解决两个核心问题：一是如何保证电缆电线安全可靠，电梯在火灾等紧急情况下能正常使用；二是如何避免火灾发生时产生的烟囱效应对电梯轿厢内人员的侵袭。要保证火灾中电梯动力的可靠性，电梯需要配置独立的供电线路，电梯的线路可以采用暗敷墙内或者外包金属管明敷两种方式，用防火绝缘材料加以包裹，采用低烟无卤阻燃环保电缆，在高温环境下仍能保证正常供电，保证其可靠性。火灾发生时，出于安全考虑消防人员首先将切断供电，因此，电梯的供电必须独立于主供电系统之外。除此以外，还应当为电梯配备应急电源，采用应急发电机供电时，发电机置于地面，救援人员无须进入火场即可为电梯供电。要避免烟囱效应对电梯的影响，需做好防火分隔，电梯机房与电梯井之间应采用耐火极限不低于 2h 的隔墙隔开，当在隔墙上开门时，应设甲级防火门。安全疏散体中设有前室，前室应当采用防火门与疏散通道进行分隔，并对其正压送风，防止烟气进入安全疏散体内。此外，要保障电梯在火灾情况下正常运行的可靠性，必须提高电梯轿厢、电梯机房的防火性能，对电梯的额定负载人数、运行速度加以控制，以保障电梯在火灾情况下的安全使用。电梯运行时屏蔽效果明显，火灾时常规通信设施往往无法正常使用，为解决电梯屏蔽问题，可安装泄漏电缆，保证通信通畅。所有电梯在控制设置上应保证在遭遇紧急情况时可由消防控制中心统一控制，即进入消防状态时所有电梯可由控制中心控制降至指定楼层，有针对性地将发生拥挤的人群快速疏散。

4.2.3 安全疏散体的运力估算

实验证明，在火灾或其他紧急情况下，人员疏散的平均速度一般取 1.0 ～ 1.3m/s[86]。由于安全疏散体内人员是采用爬楼梯的方式，疏散速度相对于水平疏散有所下降，取 0.5m/s。假设在深度为 50m 的地下公共空间中设置安全疏散体，安全疏散时间 ASET（available safety egress time）为 6min，每个安全疏散体有净宽 1.5m 的楼梯 2 部，4 部额定负载人数为 13 人的电梯，每部电梯运行时平均速度为 2.5m/s，则每个安全疏散体在火灾发生后电梯能疏散的人数为 4 × 13 × [360/(50 × 2/2.5)]=468，楼梯按每百人 1m 的疏散宽度计算，则楼梯的疏散人数为 1.5 × 2 × 100=300，安全疏散体总疏散人数为 768，即 4 部电梯和 2 部楼梯在火灾条件下能保障 768 人的疏散需求。以展览厅这一功能类型的建筑为例，按照《建筑设计防火规范（2018 年版）》GB 50016—2014 中设定的 0.75 人 /m^2 的人员密度，每个安全疏散体的运力可以为地下 768/0.75=1024m^2 内人员疏散提供保障。根据工程开挖深度与疏散人数的实际需要，可以调整每个疏散体内电梯与楼梯的数量与比例，楼梯与电梯数量不同，其运力也会有所改变。安全疏散体运力的灵活性保证了其在各种超深地下空间的适用性。

4.3 超深地下公共空间安全疏散模式

目前地下公共空间人员疏散模式固有设置为“水平疏散—垂直疏散—出口疏散”，实际上与地上建筑安全疏散无异，仅垂直疏散过程有方向上的区别，地上建筑中人员是向下垂直疏散而地下人员是向上垂直疏散。针对超深地下公共空间的特殊性及复杂性，本书从建筑设计层面出发结合相关法规要求，提出了将下沉式避难空间和安全疏散体相结合的一种综合性安全疏散模式，并分析各种可行的疏散模式，为超深地下公共空间的疏散设计提供新的思路。

4.3.1 楼梯疏散模式

在超深地下公共空间中，以原有疏散楼梯进行疏散，作为一种最常见的疏散模式。以规范中最基础的数据设置模拟中楼梯各参数。通常公共空间楼梯的各个参数为：梯段最小净宽 1.40m，踏步最小宽度 280mm，踏步最大高度 160mm。假定地下空间内设置有 2 部直跑式疏散楼梯，并列同向布置，楼梯净宽设为 1.40m，楼梯踏步的宽度设为 0.28m，踏步高度设为 0.16m，梯段倾斜角度不大于 30°，对 20m×20m 单位面积内待疏散的 100 人进行疏散模拟，设定所有人员在地下呈随机分布，移动疏散速度为 1.19m/s 且在疏散过程中速度保持不变。通过 Pathfinder 软件仿真模拟（图 4-4、图 4-5），仅改变工程埋深而其他条件保持不变，得到在不同埋深下并列式楼梯的人员疏散时间，如表 4-1 所示。

根据 Pathfinder 软件模拟结果分析，在人员疏散速度以及其他条件保持不变的情况下，工程埋深与疏散时间成正比例关系，埋深越深，其疏散时间越久，如图 4-6 所示。同时，楼梯的布置位置不同也将影响人员疏散时间。与并列式楼梯的设置参数一致，改变楼梯布置位置，经过 Pathfinder 软件模拟（图 4-7、图 4-8），得到对立式楼梯在不同深度下的人员疏散时间（表 4-2、图 4-9），分析并列式楼梯与对立式楼梯的人员疏散效率，得到最佳布置方式，提高人员疏散效率，减少人员疏散时间。

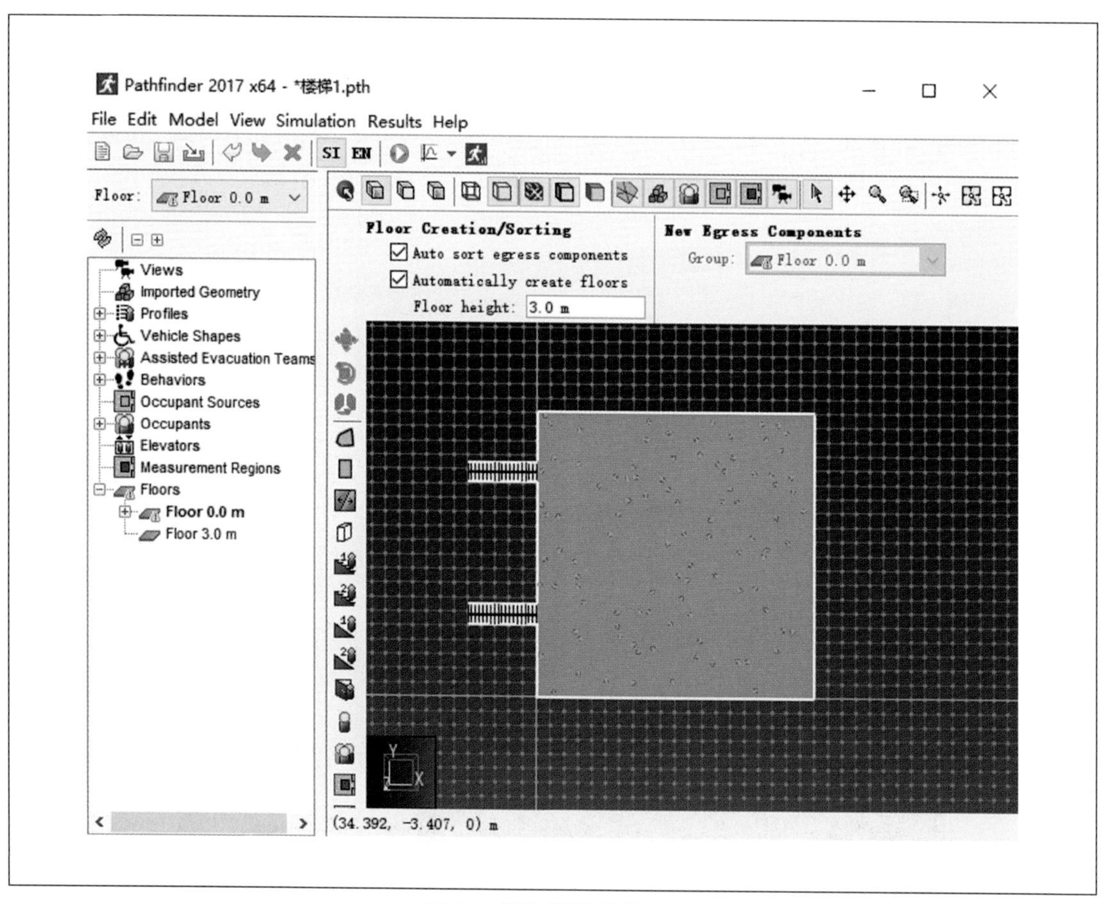

图 4-4 并列式楼梯模拟场景

表 4-1 不同埋深的并列式楼梯疏散时间

埋深（m）	3.9	7.8	11.7	15.6	23.4	31.2	39.0	46.8
疏散时间（s）	48.5	59.8	66.8	80.3	95.8	118.3	129.3	143.8
埋深（m）	50.7	54.6	66.3	70.2	78.0	85.8	93.6	97.5
疏散时间（s）	151.5	152.5	178.8	186.0	200.3	212.3	227.5	233.0

资料来源：作者自测

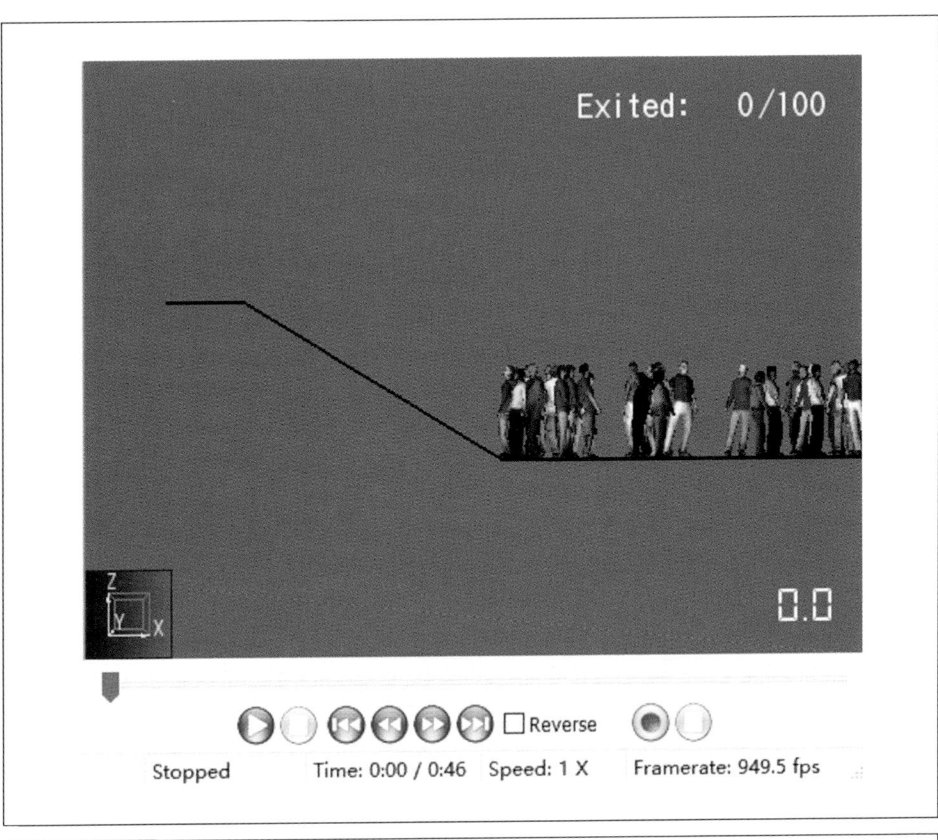

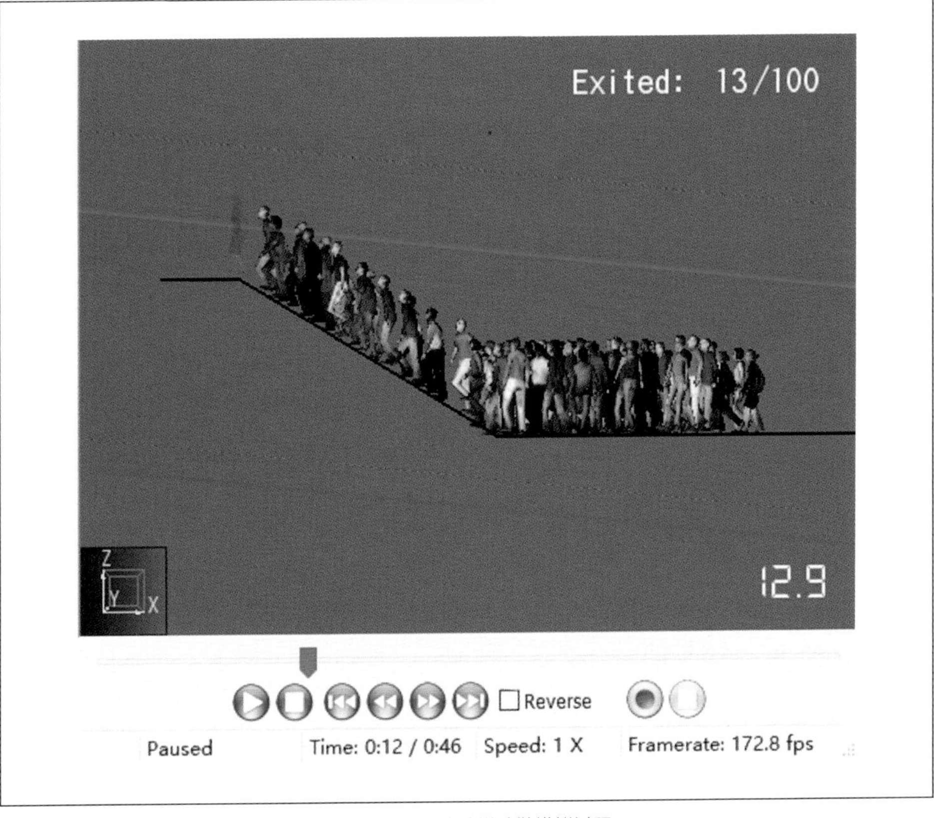

图 4-5　并列式楼梯疏散模拟过程

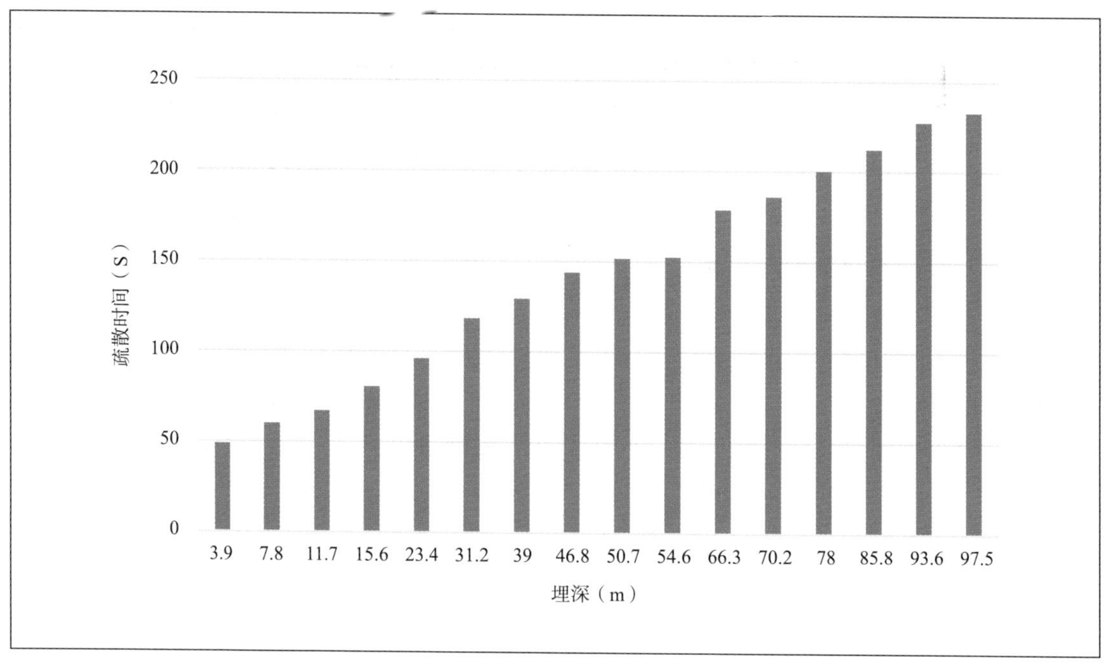

图 4-6 并列式楼梯疏散时间统计图

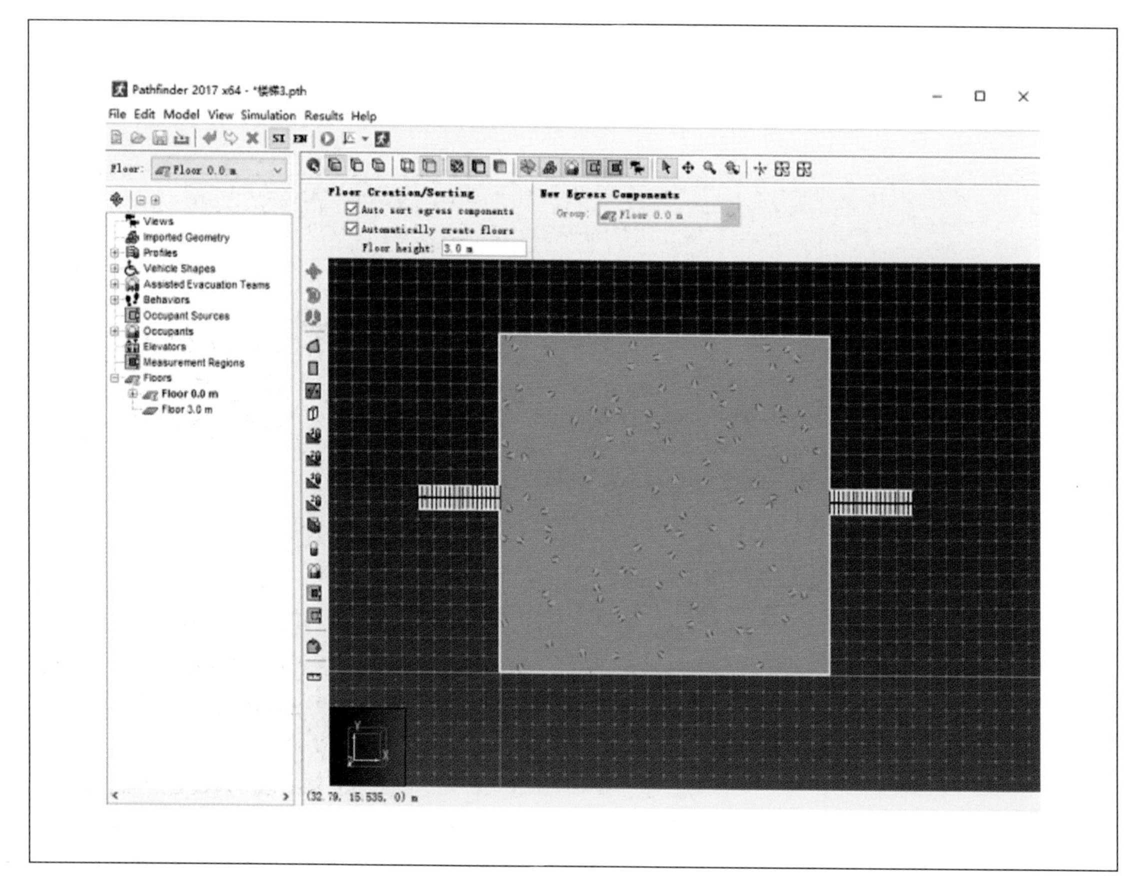

图 4-7 对立式楼梯模拟场景

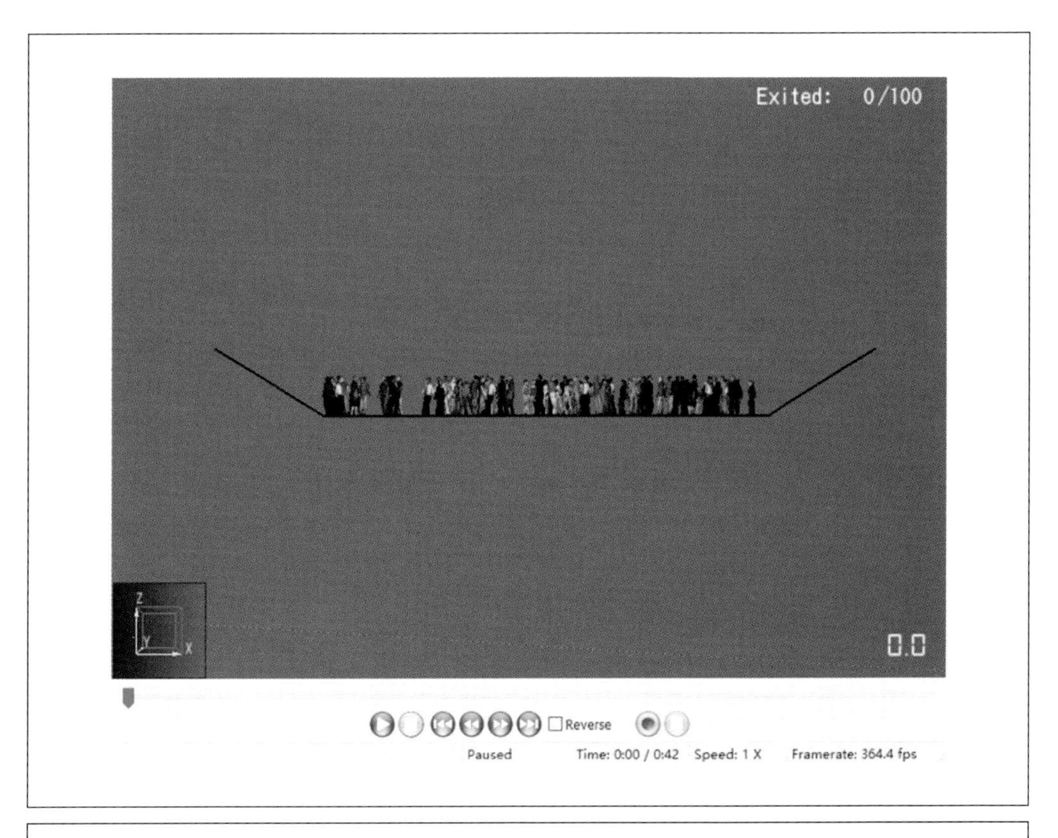

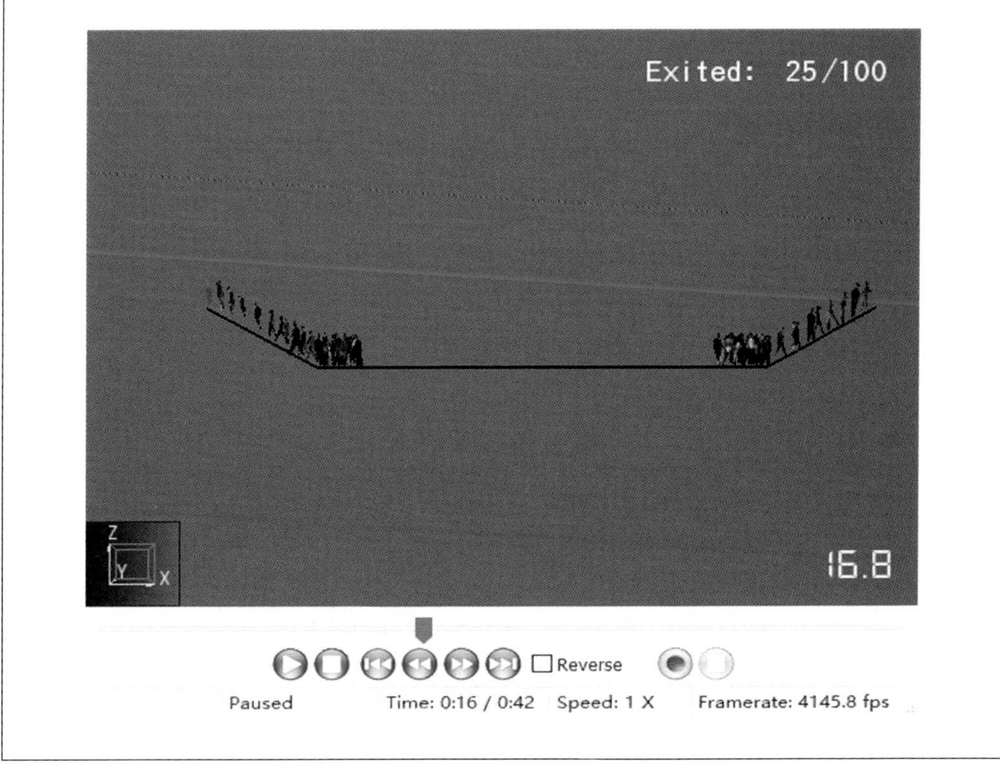

图 4-8　对立式楼梯疏散模拟过程

表 4-2　不同埋深的对立式楼梯疏散时间

埋深（m）	3.9	7.8	11.7	15.6	23.4	31.2	39.0	46.8
疏散时间（s）	46.3	55.8	64.5	74.5	93.3	109.8	122.5	138.0
埋深（m）	50.7	54.6	66.3	70.2	78.0	85.8	93.6	97.5
疏散时间（s）	144.8	151.5	172.5	179.3	191.5	206.5	220.3	226.0

资料来源：作者自测

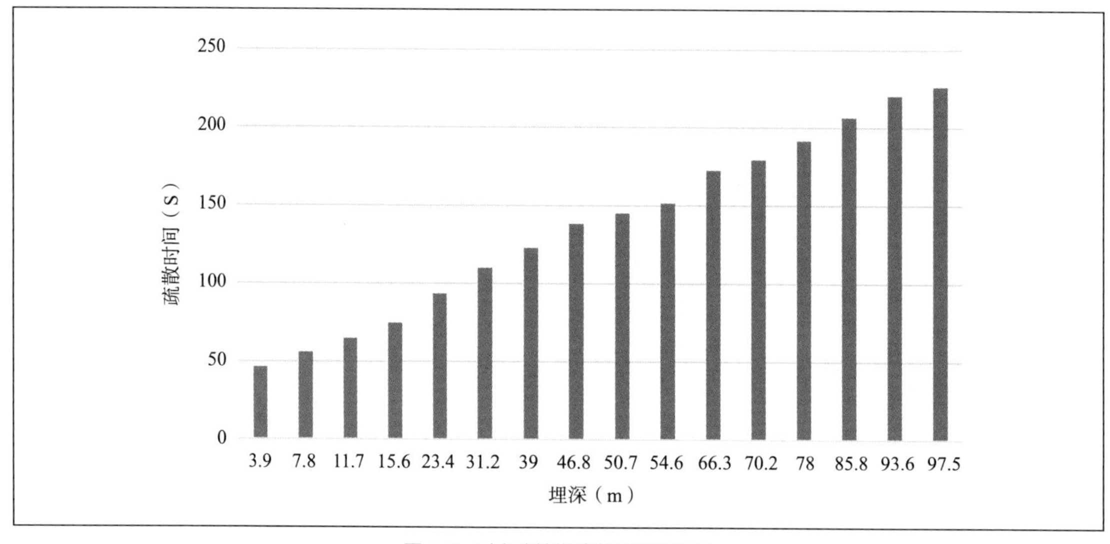

图 4-9　对立式楼梯疏散时间统计图

根据 Pathfinder 软件模拟结果分析，对立式楼梯的疏散时间与工程埋深同样成正比关系，但与并列式楼梯疏散效果对比，验证了楼梯的布置位置不同也将影响人员疏散时间。两种布置方式仅人员疏散路径不同（图 4-10），但疏散效果也出现差异。并列式楼梯是将两部楼梯并列布置在同一方向，人群疏散方向一致，减少人员由于疏散方向不同而导致的对撞冲突。而对立式楼梯是将两部楼梯分别布置在相反方向，人员进行分散疏散，可减少同一方向上人员拥堵的情况。

对比两种布置方式的疏散效果，由图 4-11 可直观地看出在相同埋深情况下，对立式楼梯的疏散时间略低于并列式楼梯的疏散时间。尽管两种布置方式的疏散时间相差不是太大，但分析对比各自数据发现，理想状态下对立式楼梯的疏散效率比并列式楼梯的疏散效率平均快 4.2%，在埋深 54.6m 处对立式楼梯的疏散效率与并列式楼梯的疏散效率几乎相同，但其他埋深处对立式楼梯的疏散效率比并列式楼梯的疏散效率高，有的甚至达到 7.2%。因此在超深地下公共空间中将楼梯布置成对立式，一定程度上能提高楼梯疏散效率，缩短人员疏散时间。

4.3.2 楼梯、扶梯协同疏散模式

在超深地下公共空间中，扶梯作为最频繁使用的交通工具，紧急情况下空间中的人员习惯按原路返回，增加了疏散过程中对扶梯的使用概率，因此对扶梯进行模拟分析对人员选择安全疏散模式有一定的参考意义。

同样在 20m × 20m 的单位面积地下空间中待疏散人群为 100 人。设置有 2 部净宽 1.0m 的自动扶梯，梯段倾斜角度不大于 30°，运行速度为 0.65m/s。假定在紧急况下，扶梯能正常运行，人群疏散速度始终保持 1.19m/s 不变，利用 Pathfinder 软件进行仿真模拟，仅改变工程埋深而其他条件保持不变，得到在不同埋深下通过扶梯疏散的人员疏散时间，如表 4-3 所示。

根据模拟数据（图 4-12）对比楼梯疏散时间分析发现，当埋深小于 7.8m（即两层楼）时楼梯的疏散效率大于扶梯的疏散效率，人员可选择楼梯进行疏散；埋深越大，扶梯的疏散效率相比楼梯越大，人员疏散时间相对更少。这时情况允许的话可选择扶梯进行疏散。在超深地下公共空间中，运行的情况下扶梯的疏散效果优于楼梯的疏散效果。

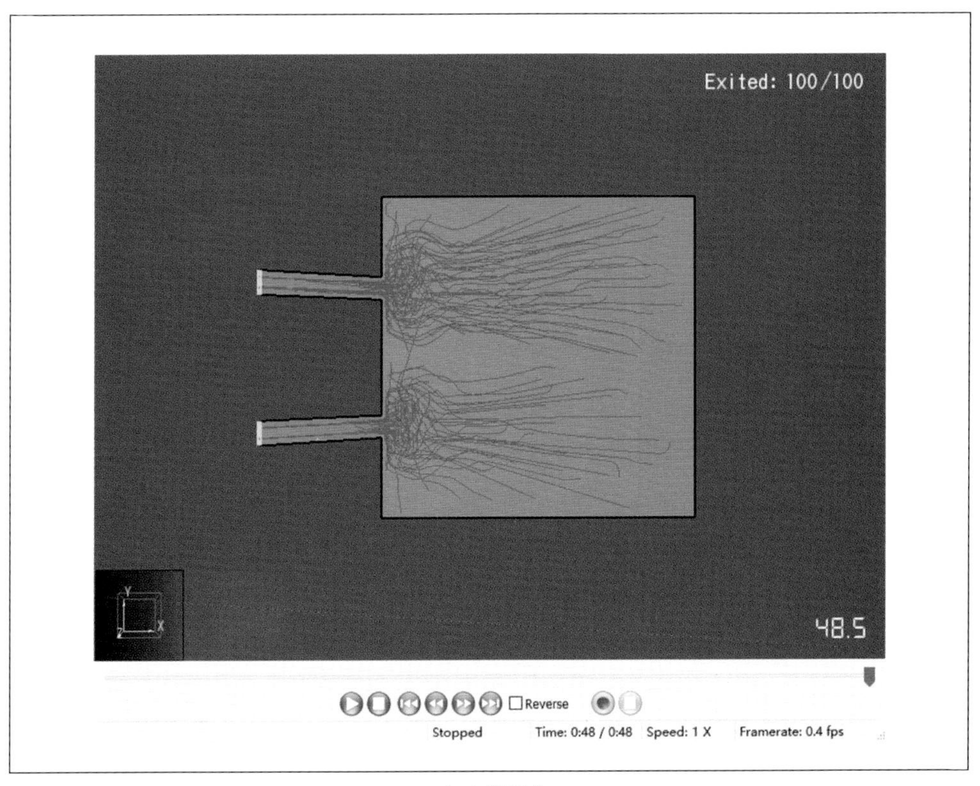

（a）并列式

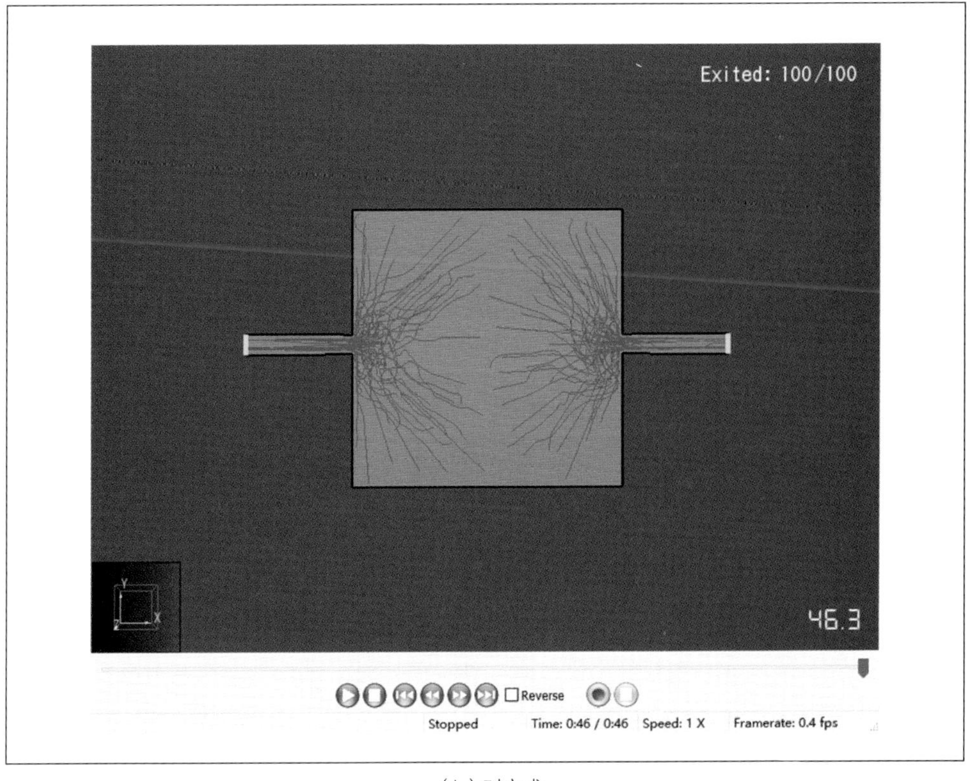

（b）对立式

图 4-10　两种布置方式的楼梯人员疏散路径

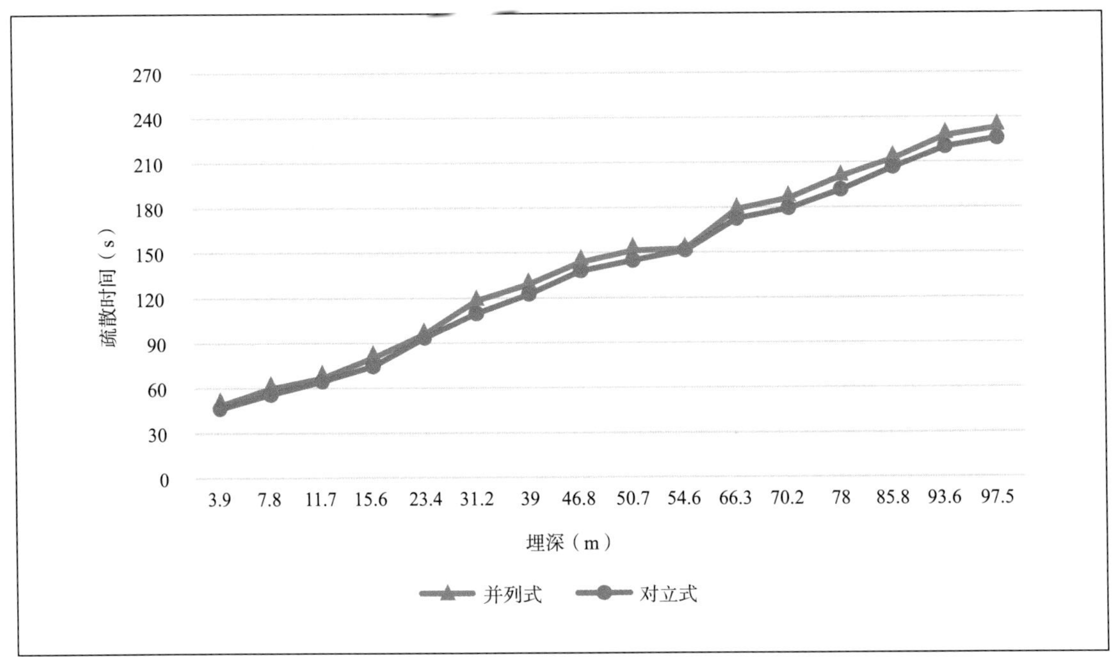

图 4-11 两种布置方式的疏散效果对比图

表 4-3 不同埋深的扶梯疏散时间

埋深（m）	3.9	7.8	11.7	15.6	23.4	31.2	39.0	46.8
疏散时间（s）	49.8	55.3	58.5	65.3	75.0	85.8	98.0	104.0
埋深（m）	50.7	54.6	66.3	70.2	78.0	85.8	93.6	97.5
疏散时间（s）	109.3	112.8	127.5	130.8	139.8	148.0	157.3	160.3

资料来源：作者自测

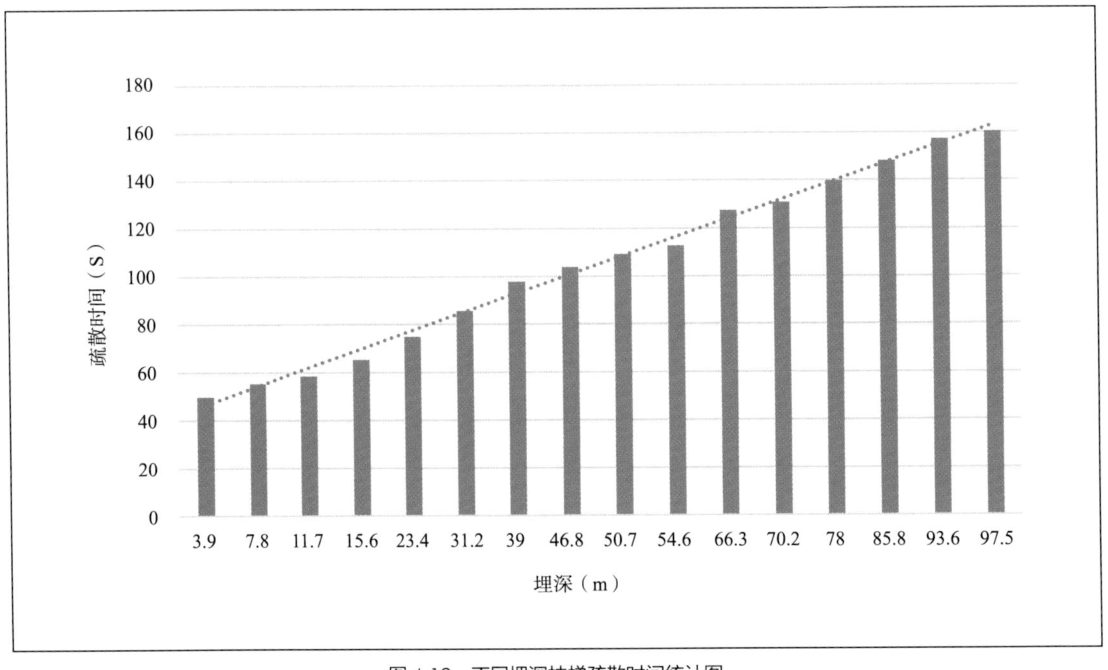

图 4-12 不同埋深扶梯疏散时间统计图

若将二者结合，共同用于超深地下公共空间中人员疏散，将大大提高人员疏散效率，缩短人员疏散时间。设置同样场景的地下空间，布置有 2 部净宽 1.0m、运行速度为 0.65m/s 的自动扶梯及 2 部踏步宽度 280mm、踏步高度 160mm、净宽 1.40m 的直跑式疏散楼梯，梯段倾斜角度均不大于 30°，假定在紧急情况下，扶梯能正常运行，人群疏散速度始终保持 1.19m/s 不变，用 Pathfinder 软件进行仿真模拟（图 4-13、图 4-14），仅改变工程埋深而其他条件保持不变，得到在不同埋深下通过楼梯与扶梯协同疏散的人员疏散时间，如表 4-4 所示。

根据模拟数据对比楼梯与扶梯各自疏散时间分析发现，楼梯与扶梯协同疏散较各自独立进行疏散大大提高了人员疏散效率。由图 4-15 可以看出，当两组楼梯、扶梯协同疏散时，各梯的疏散情况也不相同，但最终各自的疏散时间一致。对比并列式楼梯扶梯协同疏散与对立式楼梯扶梯协同疏散发现，二者的人员疏散时间大致相同，仅个别埋深处出现较大波动，如图 4-16 所示。与楼梯的两种模式所表现的结果不同的是，并列式协同疏散所需时间反而略小于对立式协同疏散所需时间，在埋深 15.6m 和 31.2m 处，对立式协同疏散较并列式协同疏散耗时差距大，通过研究两种人员疏散过程发现，部分人员在对立的疏散梯之间进行了徘徊，加大了疏散距离，因此耗时更长。计算得出理想状态下并列式协同疏散的效率比对立式协同疏散的效率高 3.6%。但在某些埋深处二者的疏散时间几乎一致，如埋深 97.5m 处，两种模式的疏散时间皆为 192.8s。因此在超深地下公共空间中对楼梯扶梯协同疏散的两种模式，可根据实际埋深进行优化设置，以此缩短人员疏散时间。

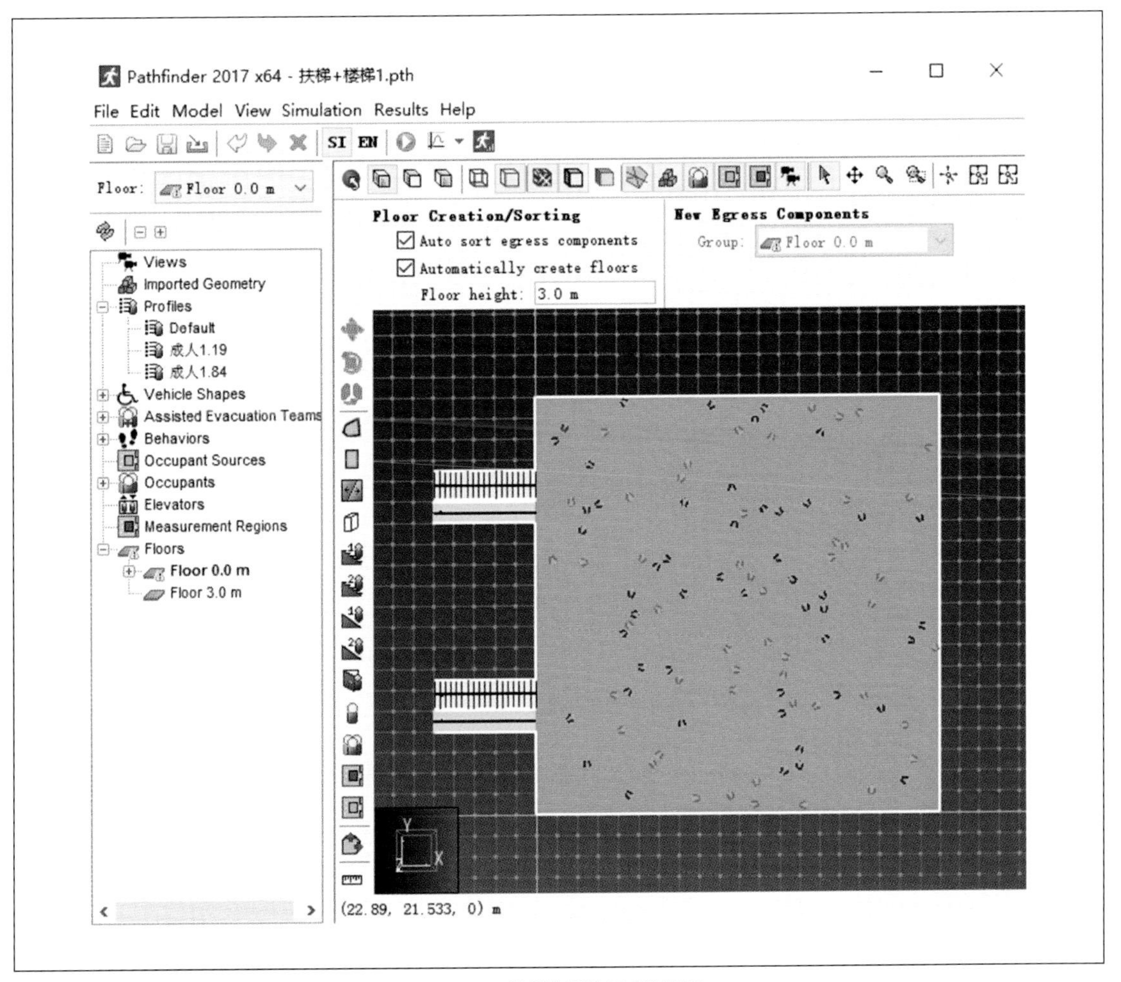

图 4-13　楼梯扶梯协同疏散模拟

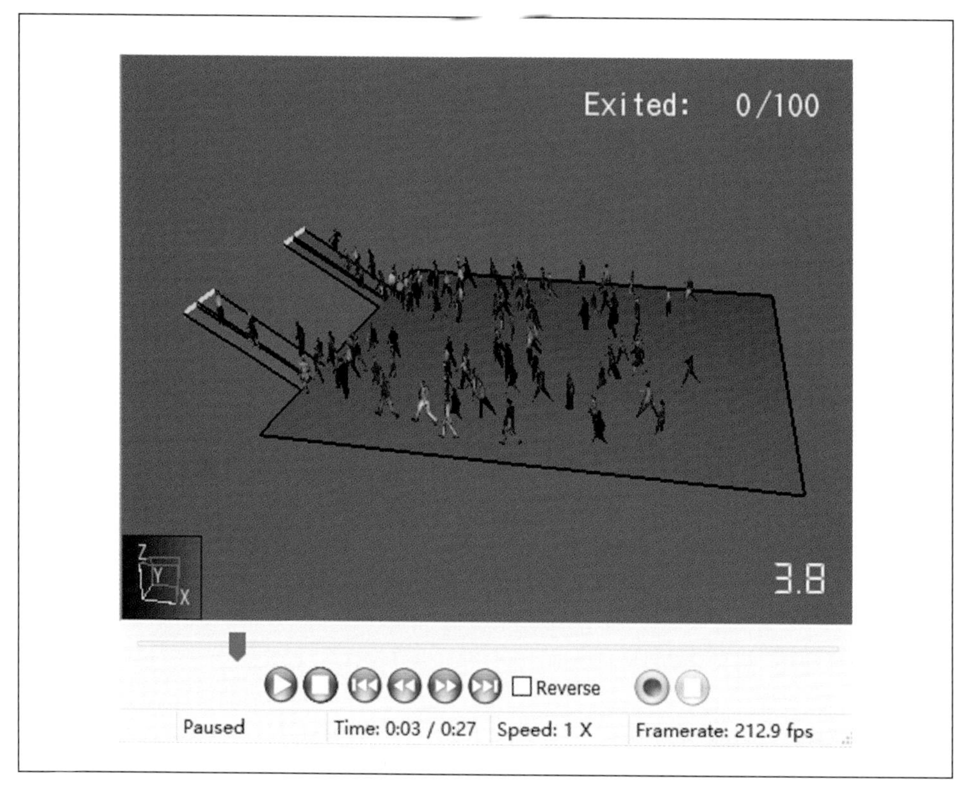

（a）并列式协同

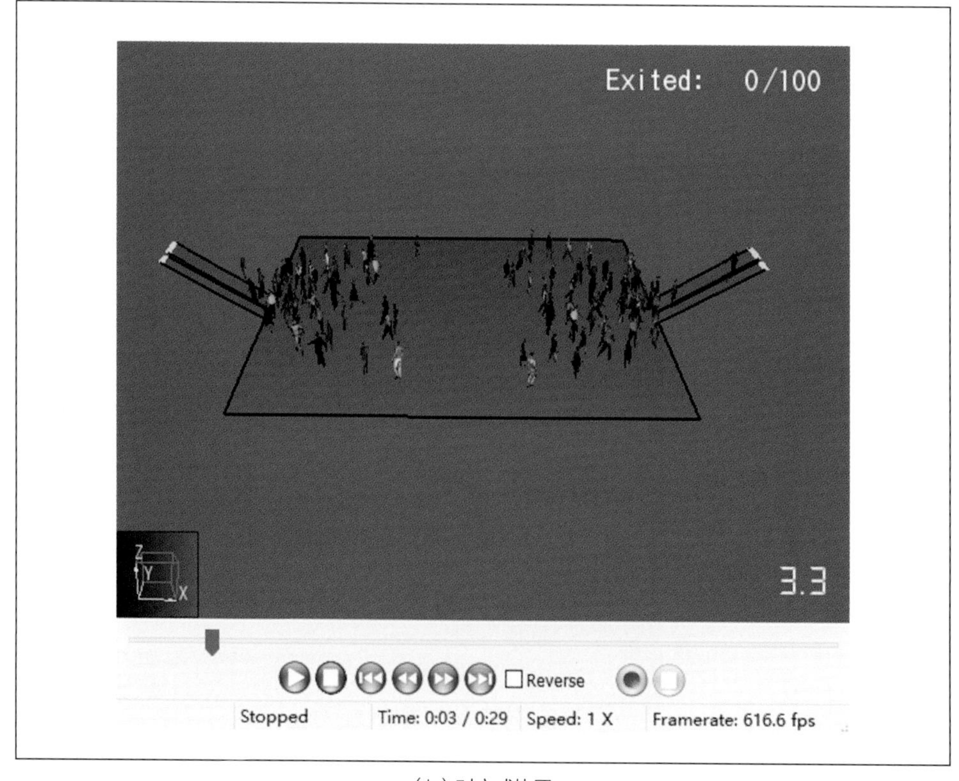

（b）对立式协同

图 4-14 两种协同疏散模拟

表 4-4　不同埋深的楼梯扶梯协同疏散时间

埋深（m）	并列式协同疏散时间（s）	对立式协同疏散时间（s）	埋深（m）	并列式协同疏散时间（s）	对立式协同疏散时间（s）
3.9	30.8	31.8	50.7	112.8	114.8
7.8	38.7	39.0	54.6	118.5	123.5
11.7	44.8	46.3	66.3	139.8	141.3
15.6	53.8	61.3	70.2	145.0	147.5
23.4	65.8	69.5	78.0	158.3	162.0
31.2	79.0	92.0	85.8	170.7	173.5
39.0	92.3	95.8	93.6	185.3	187.0
46.8	107.3	109.5	97.5	192.8	192.8

资料来源：作者自测

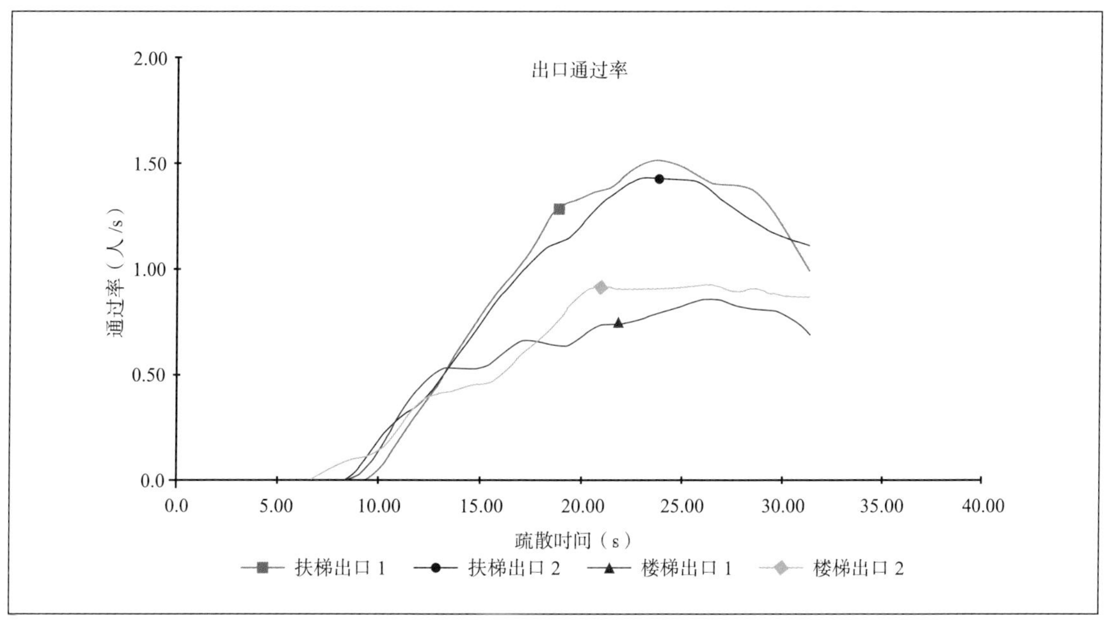

图 4-15　楼梯扶梯协同各梯疏散时间

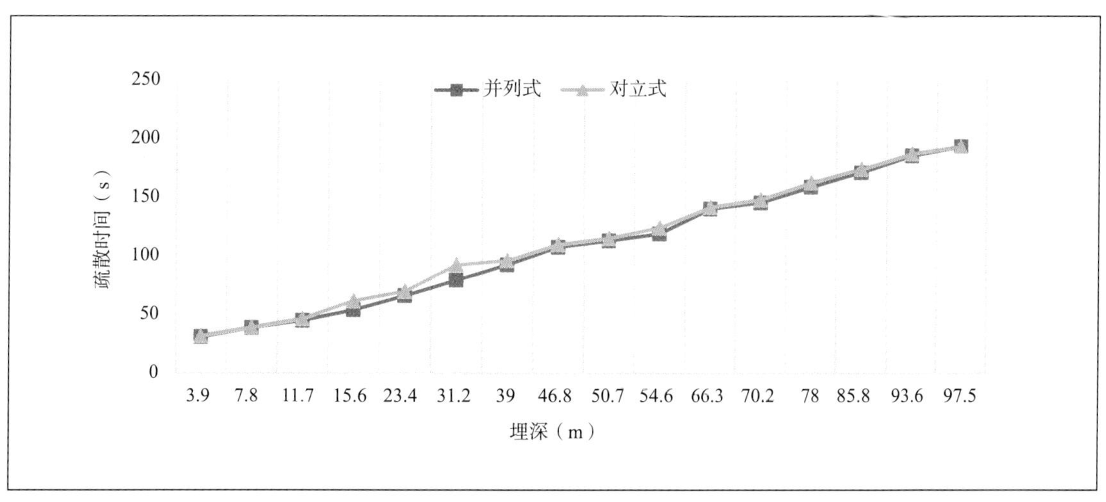

图 4-16　两种协同模式的疏散效果对比图

4.3.3 电梯疏散模式

超深地下公共空间埋深一般大于 50m，人员楼梯进行疏散时体力的消耗也是不可忽视的因素。加拿大消防研究所的一项研究表明，人爬楼梯超过 4 层后会有 8%～12% 的速度损失，即采用楼梯疏散的人员从埋深 15.6m 开始，深度每增加 3.9m（即一层），人群平均疏散速度减慢 10%。因此在超深地下公共空间中使用电梯进行疏散将是一种高效可行的疏散模式。

在相同条件下，利用电梯进行疏散模拟（图 4-17）。根据疏散电梯的相关规定载重量不宜小于 1300kg，速度不应小于 5m/s，轿厢的平面尺寸不宜小于 1m×1.5m，设定模型中 2 部电梯的最大速度为 8m/s，加速度为 $1.2m/s^2$，开关门总用时 7s，电梯门宽度为 1.2m，轿厢尺寸为 2m×1.5m，额定载重 15 人。待疏散人员随机分布于地下空间中各个位置，并保持 1.19m/s 的水平移动速度不变进行疏散。

由模拟结果表 4-5 可知，埋深较浅时电梯的疏散时间比楼梯、扶梯的疏散时间多，这是由于一方面电梯需来回运动，相当于增加了一倍的运行路程，另一方面电梯门的开关及人员出入耗时。故埋深越深时，电梯的疏散效率越高。如埋深 46.8m 和埋深 50.7m 处的人员疏散时间差距很小。但在 54.6m 处出现较大的波动，人员疏散时间比线性疏散时间增加较大（图 4-18）。另外考虑到当地下空间中若仅使用电梯进行疏散，则大量人群将在电梯处滞留（图 4-19），被动等待救援，因此设置扶梯、楼梯同时进行人员疏散，将更符合实际疏散场景。

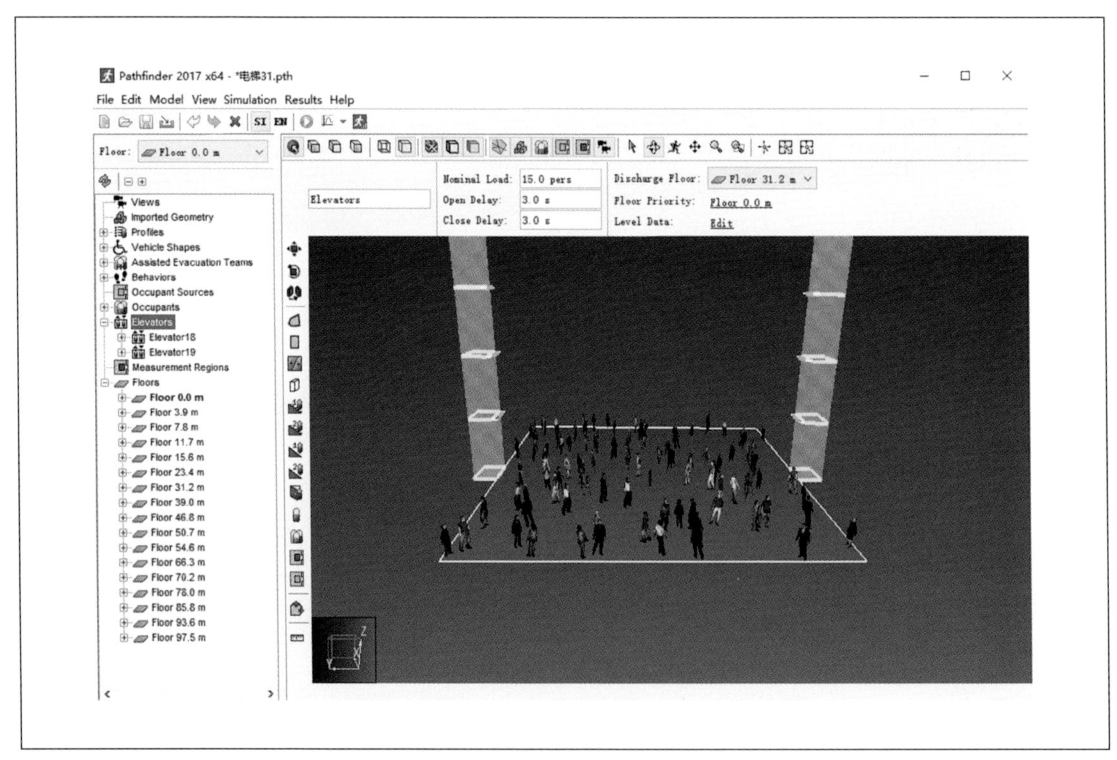

图 4-17　电梯模式人员疏散模拟

表 4-5　不同埋深的电梯疏散时间

埋深（m）	3.9	7.8	11.7	15.6	23.4	31.2	39.0	46.8
疏散时间（s）	185.3	199.0	204.8	208.5	217.8	227.5	238.3	241.8
埋深（m）	50.7	54.6	66.3	70.2	78.0	85.8	93.6	97.5
疏散时间（s）	243.3	287.5	288.3	295.8	301.5	310.3	316.0	327.5

资料来源：作者自测

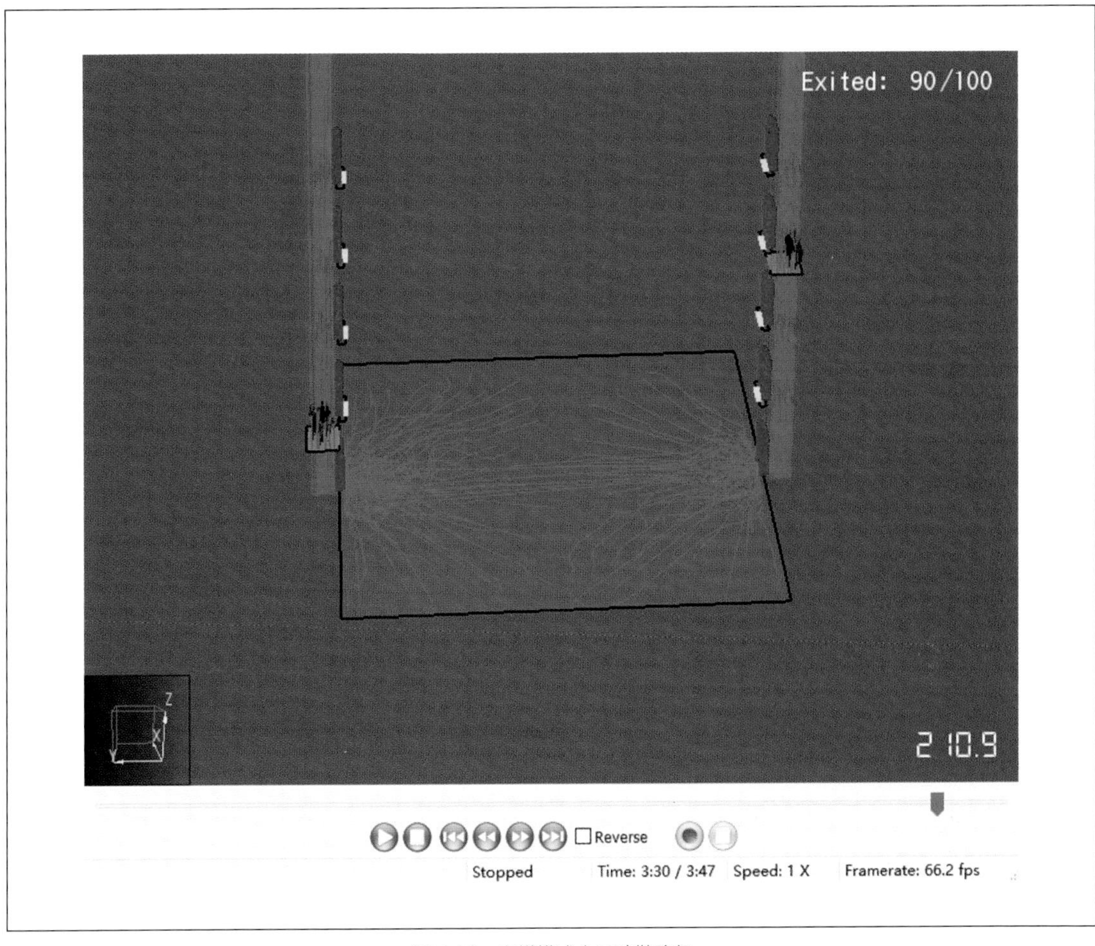

图 4-18　电梯模式人员疏散路径

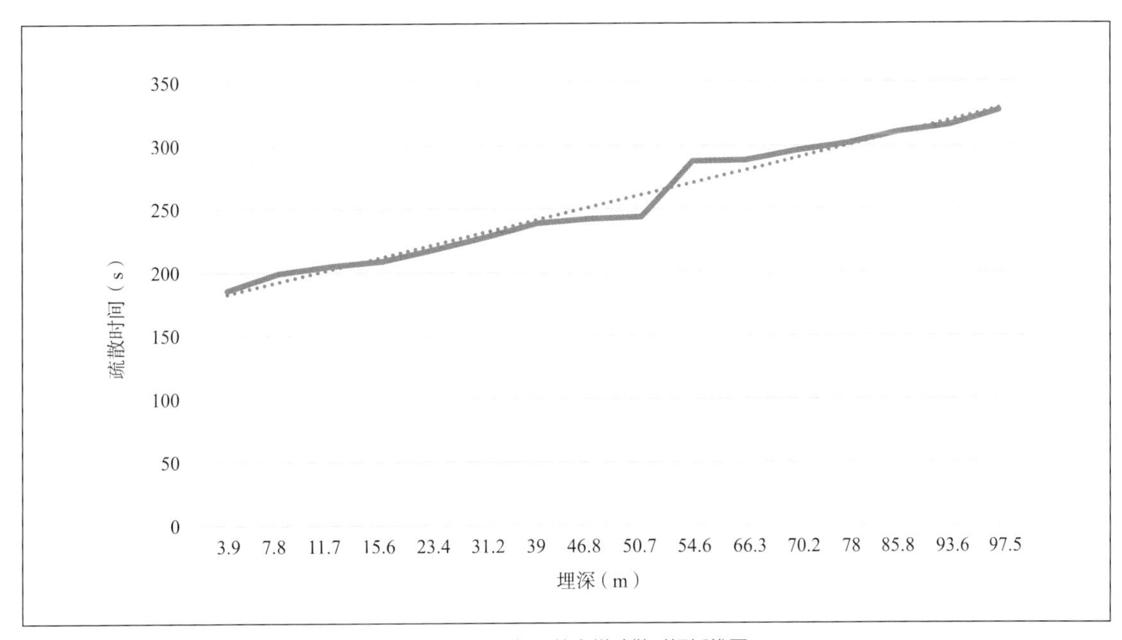

图 4-19　不同埋深的电梯疏散时间折线图

在真实疏散情况中，使用楼梯进行疏散的人员应考虑体力消耗的因素，以及出于安全性考虑，可参考《人民防空工程设计防火规范》GB 50098—2009 中将自动扶梯的疏散效果折算 90% 后当作普通楼梯用。

4.3.4 下沉式避难空间、安全疏散体协同疏散模式

超深地下公共空间中，每隔一定距离设置楼梯或滑梯纵向疏散通道，以此连接位于公共空间之下的避难空间；在避难空间与逃生通道之间采取一个隔离措施即对人员疏散方向进行反向加压送风，防止烟气在避难空间中蔓延（图 4-20）。纵向疏散通道与水平疏散通道同时作为防烟前室。同时，还需将安全疏散体与地下公共空间隔离开，避免火灾甚至爆炸时安全疏散体受影响。紧急避难空间与安全疏散体以水平疏散通道相连接（图 4-21），形成一个完整的安全疏散模式。

该模式具有以下特点：

1. 水平疏散距离缩短

该模式采用的下沉式避难空间可以有效缩短人员水平疏散距离，减少人员处在火灾中的时间，从而降低人员伤亡率。下沉式避难空间除了提供相对安全的外在庇护外，还让疏散人员产生一定的心理安抚。同时借助整个安全疏散体系，人员还可以主动自行疏散而不必被动等待救援。

2. 烟气蔓延与人员疏散逆向

该模式以应急滑梯或楼梯连接位于地下空间之下的下沉式避难空间，结合实际经验，下沉式避难空间一般设置在人员待疏散层的下一层，不超过两层，当埋深较大时人员使用楼梯向下进行疏散比使用楼梯向上进行疏散更省时省力，并且使得人员疏散方向与烟气扩散方向相反，减少疏散过程中有害气体的吸入，降低人群在可识别度较低环境中产生的恐慌情绪，从而提升理智判断逃生路径的可能性。

3. 垂直方向疏散效率提高

相对于平均向上速度仅为 0.5m/s 的楼梯疏散，平均运行速度为 2.5m/s 的电梯疏散效率更高。在向上疏散过程中，人员体力的消耗也将影响疏散时间。因此，参照消防电梯标准将电梯纳入安全疏散体，在埋深大于 50m 的超深地下公共空间中，电梯疏散能大大节省人群在垂直方向上的疏散时间。

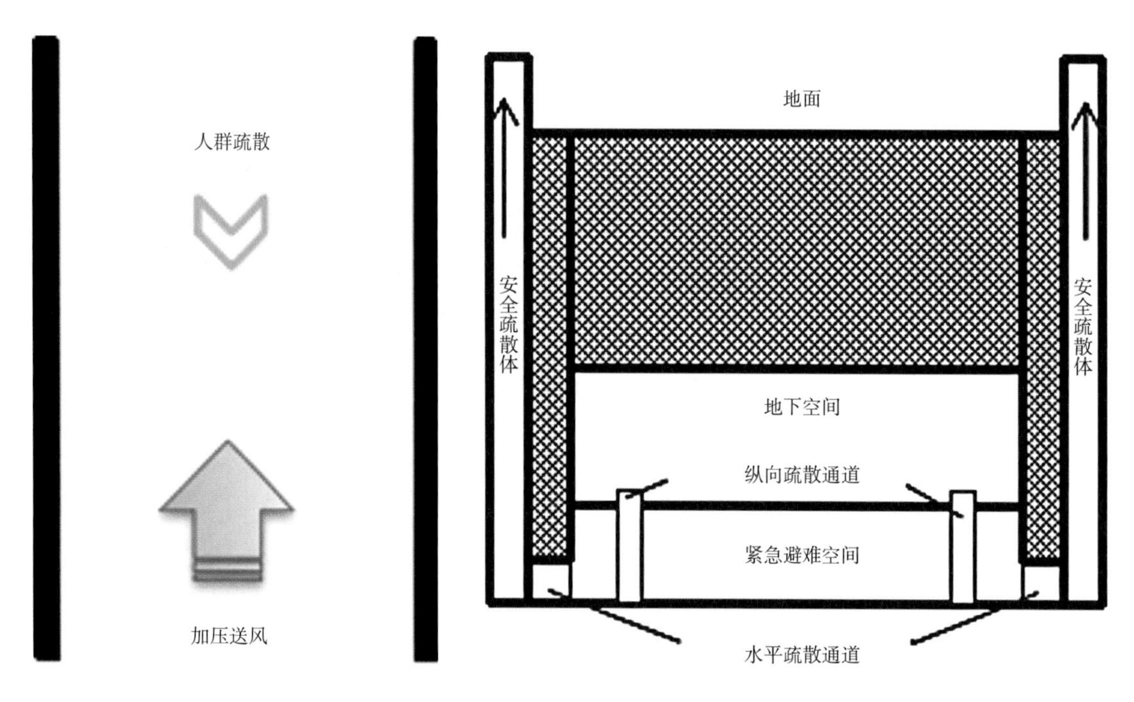

图 4-20　隔离措施

图 4-21　安全疏散体 + 下沉式避难空间示意图

对于一些大面积或大深度的地下空间，避难空间也可视为人员疏散到达的安全地方。因此在 Pathfinder 软件中，模拟人员疏散到下沉式避难空间得到如下结果：当避难空间设置在人员待疏散层的下一层时，人员疏散所需时间为 44.3s；当避难空间设置在人员待疏散层的下两层时，人员疏散所需时间为 54.3s。该模拟结果与楼梯向上模拟结果相比，无明显优势，这是由于楼层疏散距离短，人员的体力消耗导致的疏散速度减慢不明显。但将避难空间设置在公共空间的下部最大的优势就是一定时间内减少了烟气对人体的伤害以及对人员疏散的影响。

对地下 20m × 20m 单位面积内 100 人进行下沉式避难空间、安全疏散体协同疏散进行模拟（图 4-22），避难空间设置在待疏散层下一层，以净宽 1.40m 的直跑楼梯连接。每个避难空间设有一个安全疏散体，以安全通道连接，形成连通的安全避难空间。每个安全疏散体中 2 部电梯，1 部双跑楼梯。每部电梯额定载重 21 人，最大速度为 8m/s，加速度为 $1.2m/s^2$，开关门总用时 7s，电梯门宽度为 1.5m，轿厢尺寸为 2.5m × 2.5m。双跑楼梯净宽 1.50m，休息平台宽 1.50m。地下待疏散人员随机分布，人员疏散速度为 1.19m/s，保持不变。模拟避难空间中设置一个安全疏散体的疏散效率。

Pathfinder 软件在模拟避难空间与安全疏散体协同疏散过程中，人员会优先选择电梯进行疏散，当出现满载时仍然在相邻两个电梯处徘徊，而不选择楼梯（图 4-23）。因此对安全疏散体中的电梯和楼梯单独进行模拟，模拟结果如表 4-6、表 4-7 所示。

如图 4-24 所示，在单位面积内人员仅依靠安全疏散体中的电梯进行疏散，疏散过程中剩余人数变化图呈阶梯趋势下降，疏散完成的人数随着时间的增加同样呈阶梯状上升趋势直到所有人员疏散完毕。这种情况表明电梯将一批人员从疏散层运送到地面完成疏散，而下一批疏散人员正在等待电梯运送或正处在电梯运送的过程中。人员仅使用电梯疏散所需时间随着埋深的增加而增加较缓慢。

对比协同疏散中仅使用电梯和仅使用楼梯的疏散时间，如图 4-25 所示，楼梯疏散所需时间趋势图比电梯疏散所需时间趋势图更陡，这说明人员运动理想状态下在安全疏散体中楼梯的疏散效率远低于电梯的疏散效率，人员仅使用电梯疏散所需时间随着埋深的增加而增加较缓慢。埋深小于 15.6m 即埋深不超过 4 层时，安全疏散体中楼梯的疏散效果更好，当埋深超过 15.6m 时，

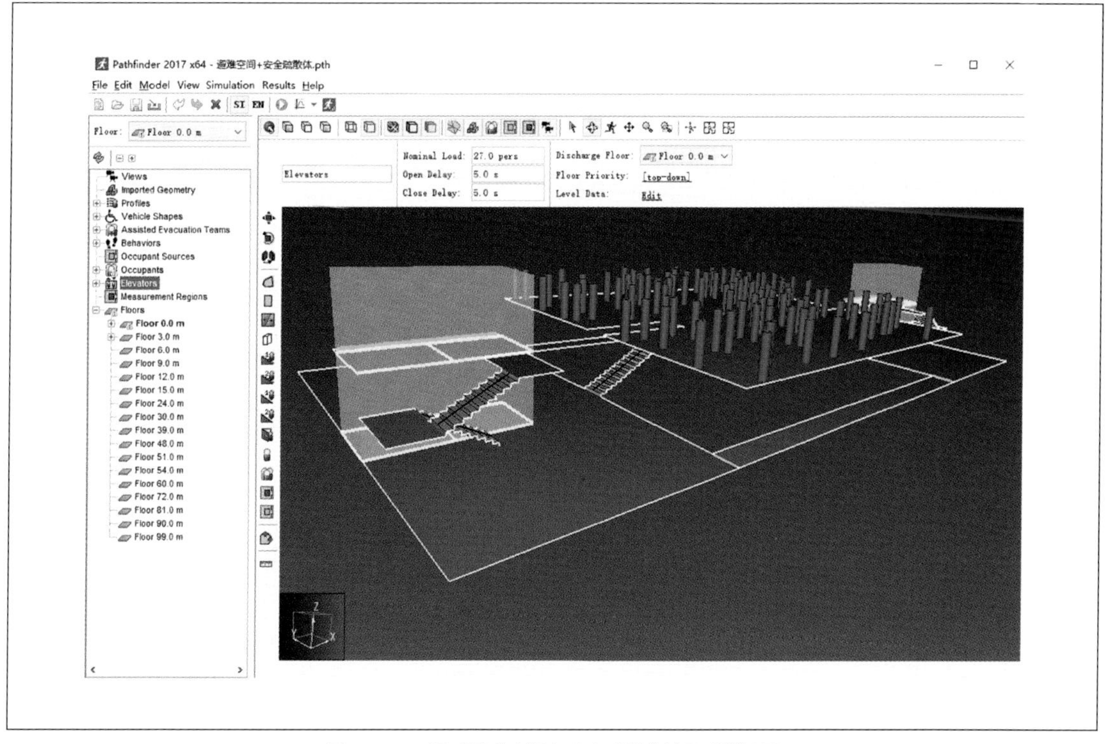

图 4-22　下沉式避难空间与安全疏散体协同疏散场景

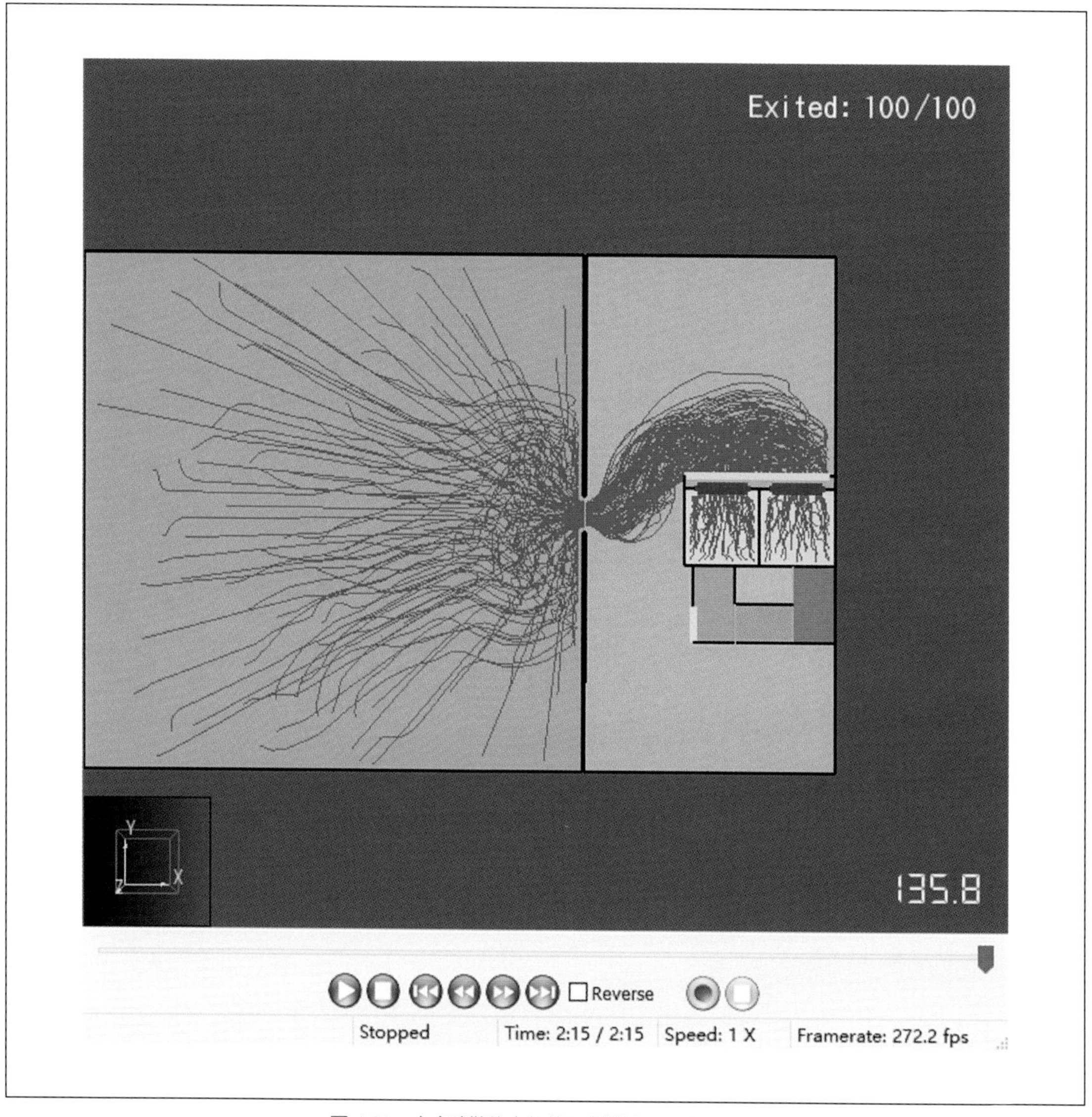

图 4-23　安全疏散体中仅使用电梯的人员疏散路径

表 4-6　协同疏散中仅使用电梯疏散时间

埋深（m）	3.9	7.8	11.7	15.6	23.4	31.2	39.0	46.8
疏散时间（s）	135.8	144.0	146.0	150.3	156.8	161.5	168.0	171.5
埋深（m）	50.7	54.6	66.3	70.2	78.0	85.8	93.6	97.5
疏散时间（s）	195.5	198.8	208.8	210.5	215.0	221.3	225.5	227.8

资料来源：作者自测

表 4-7　协同疏散中仅使用楼梯疏散时间

埋深（m）	3.9	7.8	11.7	15.6	23.4	31.2	39.0	46.8
疏散时间（s）	105.5	120.8	135.3	149.3	176.5	207.0	232.3	261.0
埋深（m）	50.7	54.6	66.3	70.2	78.0	85.8	93.6	97.5
疏散时间（s）	271.8	285.5	324.5	337.3	361.5	387.3	411.3	422.3

资料来源：作者自测

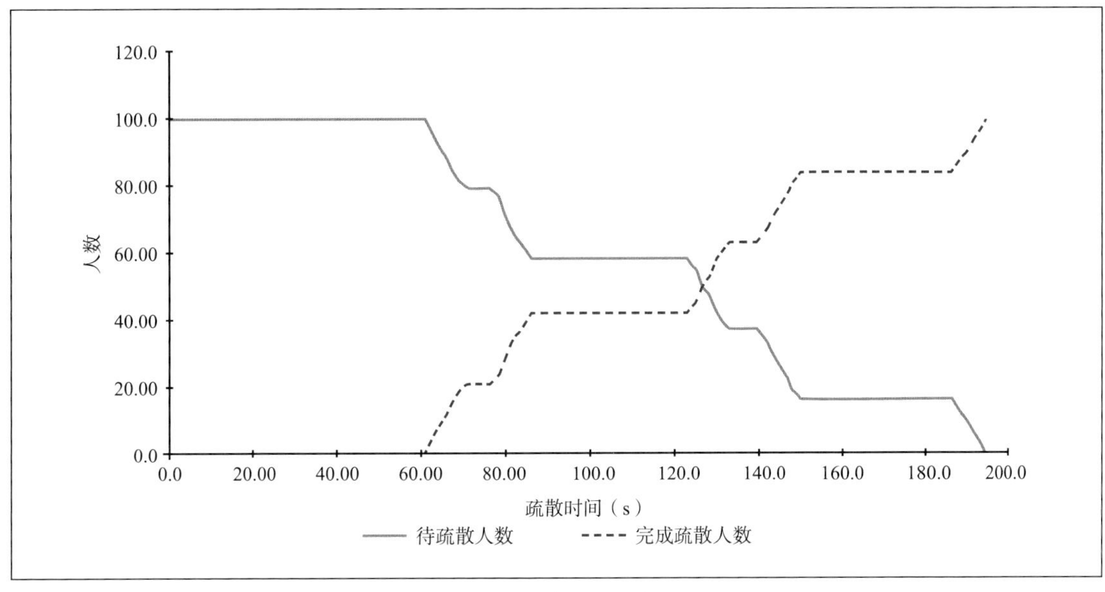

图 4-24　待疏散人数变化图

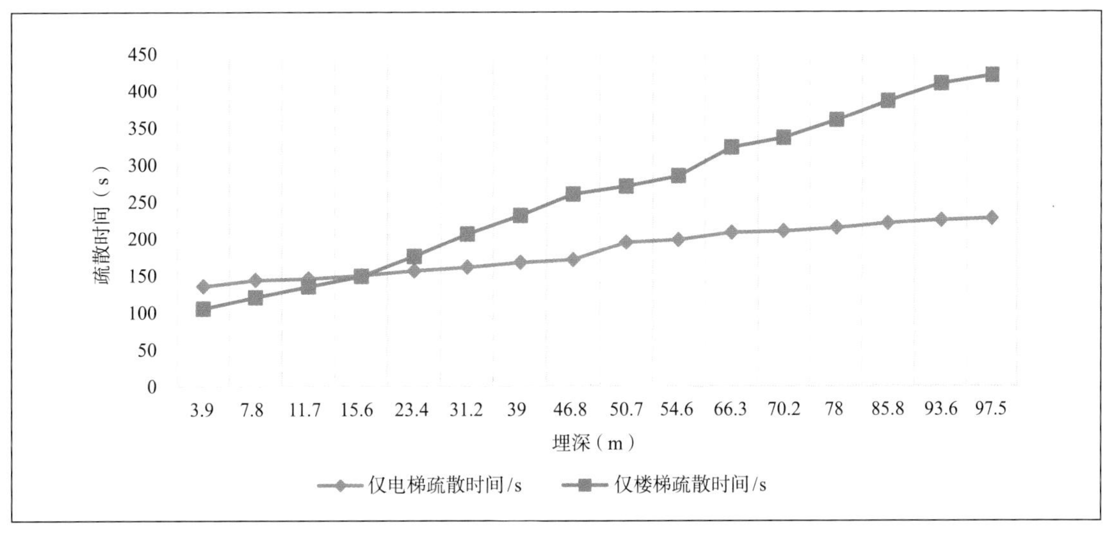

图 4-25　楼梯电梯疏散时间统计图

安全疏散体中电梯的疏散效率更高。

另外，超深地下公共空间面积较大，避难空间中不止设置一个安全疏散体，模拟多个安全疏散体的疏散，可得出人员疏散效率参考数据，为之后的实例模拟提供依据。在软件中模拟避难空间中设置 2 个安全疏散体的人员疏散，各参数不变，得到图 4-26、表 4-8。

对比相同协同疏散场景模式中，1 个安全疏散体与 2 个安全疏散体中电梯的疏散效率（图 4-27）发现，二者所需的疏散时间随埋深变化的趋势几乎重合，经计算，避难空间中设置 2 个安全疏散体比设置 1 个安全疏散体，仅使用电梯的人员疏散效率平均提高了 35.91%，而仅使用楼梯的人员疏散效率平均提高了 21.88%。

该安全疏散模式是基于下沉式避难空间与安全疏散体协同，通过“水平疏散——垂直向下疏散——临时避难——水平疏散——垂直疏散——出口疏散”的安全疏散途径进行疏散。与传统安全疏散模式相比，安全性得以提升，最终有效降低人员在火灾场景中的伤亡。

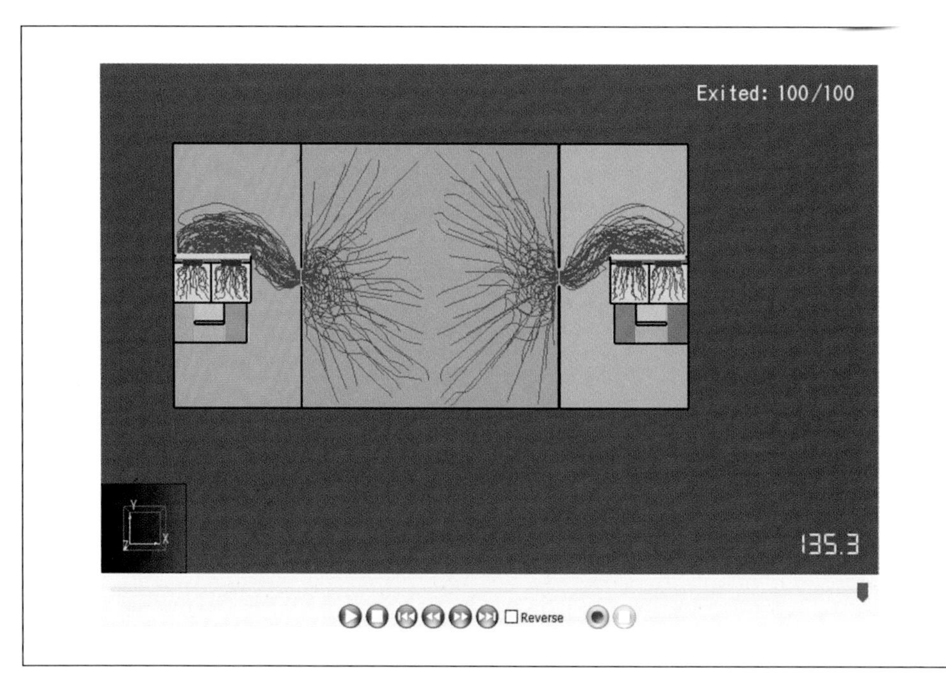

图 4-26 避难空间中设置 2 个安全疏散体的人员疏散路径

表 4-8 协同疏散中两个安全疏散体疏散时间

埋深（m）	仅电梯疏散用时（s）	仅楼梯疏散用时（s）	埋深（m）	仅电梯疏散用时（s）	仅楼梯疏散用时（s）
3.9	87.5	70.8	50.7	126.8	223.5
7.8	88.8	84.3	54.6	129.5	233.0
11.7	93.0	99.5	66.3	133.3	261.5
15.6	94.5	111.5	70.2	136.5	271.0
23.4	99.8	138.5	78.0	140.0	289.8
31.2	102.8	164.0	85.8	141.8	308.8
39.0	106.3	188.8	93.6	148.3	327.5
46.8	108.3	213.5	97.5	148.8	337.0

资料来源：作者自测

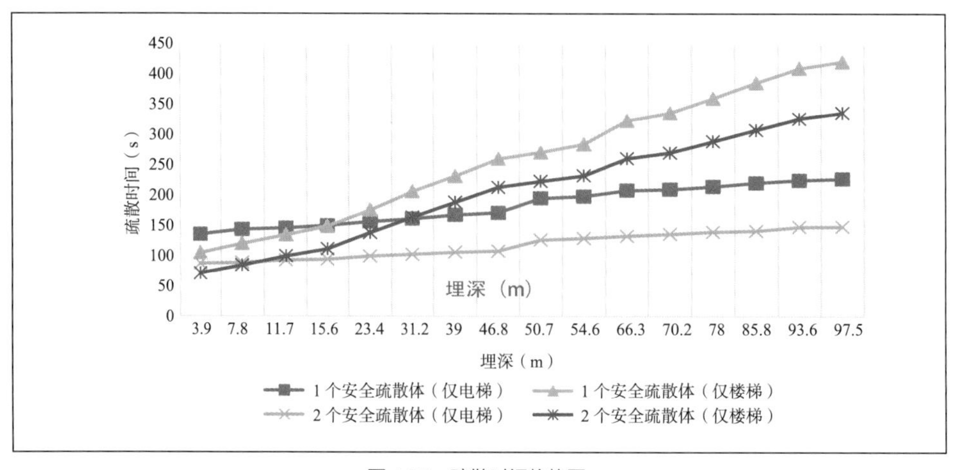

图 4-27 疏散时间趋势图

第 5 章

安全疏散模式应用案例模拟分析

5.1 工程概况

重庆轨道交通10号线红土地站点位于江北区五红路下，呈南北走向，同时与位于上方并呈十字相交的轨道交通6号线红土地站点可进行两条线路站内换乘。10号线站厅南北长222m，总建筑面积为11188.8m^2，埋深达到94.467m，相当于31层楼高度，是标准防空洞深度（20m）的4.7倍，成为全国地铁站深度之最的超深地下公共空间。

站点设有4个出入口，其中，5、6、7号出入口分别与6号线红土地站出入口相接，8号出入口为预留口（图5-1）。因10号线红土地站点埋深较深，从该站

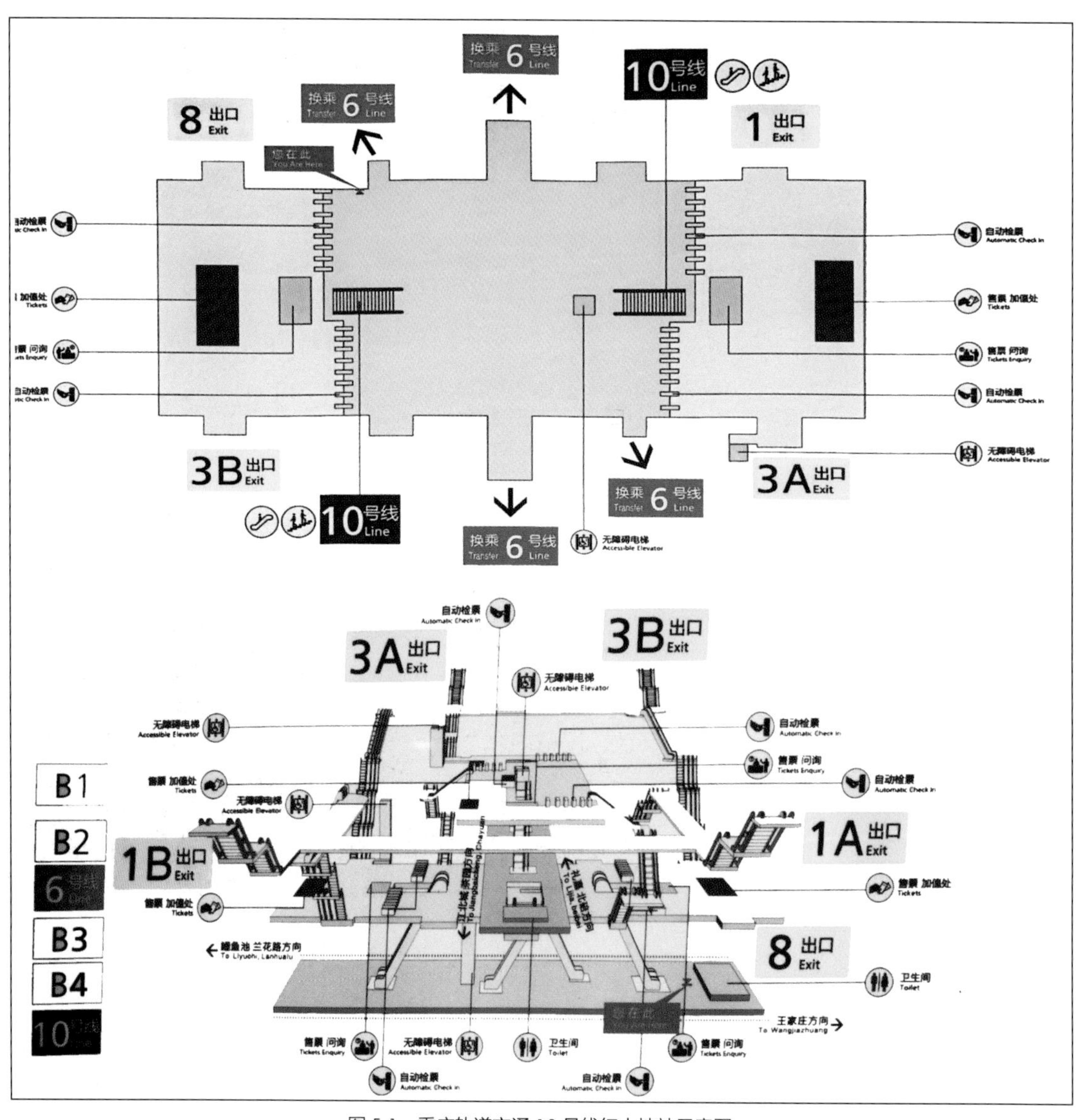

图5-1 重庆轨道交通10号线红土地站示意图

厅层到达 6 号线进行换乘需要使用连续的 4 层自动扶梯爬升，若要出站则需再乘坐两级自动扶梯才能到达地面。整个红土地站点共有 91 部自动扶梯，组成了国内罕见的超级自动扶梯网络群，因此也成为全国甚至是全世界乘客每次进出站乘坐自动扶梯数量最多的地铁站。

图 5-2　站点换乘通道口

但目前该站点工程消防现状仍存在一些问题。第一，该站点位于地下埋深 94m 处，已超出地下公共空间中 50m 的界限范围，属于超深地下公共空间；第二，站厅防火分区仅在两条线路换乘通道口设置了 Z 字形的消防门（图 5-2），而站厅层公共空间防火分区面积达到 6372.2m^2（图 5-3），尽管符合《城市轨道交通技术规范》GB 50490—2009 中“地下车站站台和站厅公共区应划为一个防火分区，其他部位每个防火分区的最大允许使用面积不应大于 1500m^2”的规定，但该区域属于人流量集中的公共区，一旦发生火灾将引发更大的次生伤害，也无法控制火势的蔓延。

该站点所面临的安全疏散问题具有超深地下公共空间开发利用的普遍性，超埋深的地下空间人员疏散对于其他类型的超深地下公共空间具有参考价值，因此利用 BIM 数字技术和 Pathfinder 软件将所构想的超深地下公共空间安全疏散模式应用于交通枢纽站进行安全疏散仿真模拟。

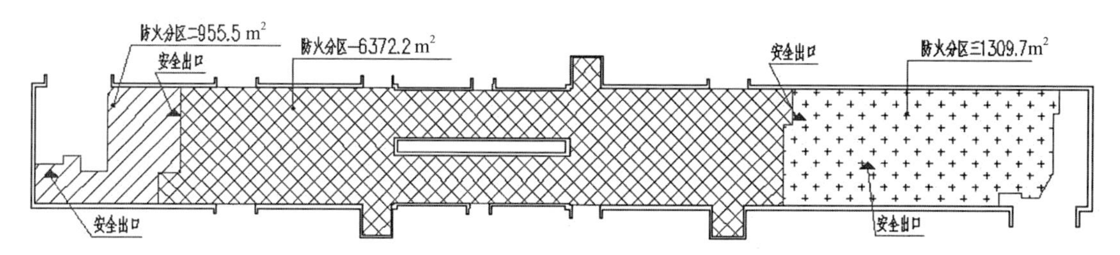

图 5-3　站厅防火分区示意图

5.2 基于 Revit 和 Pathfinder 的超深地下空间安全疏散模型建立

5.2.1 模拟软件介绍

BIM (Building Information Modeling) 是以建筑工程项目各项相关信息数据作为模型基础，通过数字信息仿真模拟建筑物所具有的真实信息 [87]。其核心是利用数字技术建立虚拟的三维模型，同时为这个模型提供完整且与实际情况一致的工程信息库。该信息库不仅包含描述建筑物构件的几何信息、专业属性与状态信息，还包含了如空间、运动行为等非构件对象的状态信息 [88]。

BIM 技术应用最广泛的是 Revit 软件，该软件多用于建筑土建、机电建模以及各专业模型碰撞检查，适用于全生命周期的各个阶段。另外 Bentley 系列软件、

表 5-1 国内 BIM 技术涉及的软件类别

运用阶段	BIM 建模软件	主要用途
规划设计阶段	Revit Structure、Revit 、Revit MEP、Archi CAD、Catia、Bentley	土建、机电、幕墙建模等
招投标、施工阶段	广联达算量软件、Navisworks、BIM5D	土建、钢筋算量、施工管理、碰撞检查等
施工管控阶段	3Dmax、After Effects、Premiere、Audition、Ecotect	动画制作、能耗分析等
运维阶段	广联达移动浏览器、BIM360、Plangird	移动终端、运维管理等

Archi CAD 软件等应用范围也很广，如表 5-1 所示。

对比几种常用火灾及疏散仿真模拟软件（表 5-2），在大型建筑的人员疏散模拟中 Pathfinder 火灾疏散软件更加适用。其中，包括 SFPE 模式和 Steering 模式（图 5-4）。SFPE 模式是基于人员流量，并遵循就近原则，即疏散人员只选择离自己最近的疏散门，不管这个门有多少人在排队，是否拥挤，人员之间都不会影响各自的运动路径，但列队满足 SFPE 假设。而 Steering 模式是结合路径规划、指导机制、碰撞处理来控制人员运动，即当人员间的距离或最近点的路径超过特定的阈值时，则可以重新生成新的路径以匹配新的形式[89]。也就是考虑具体的人的行为，在疏散时如果某个出口或楼梯较为拥堵的话，疏散人员就会选择附近的其他疏散出口。对比软件中的两种模式，其中 Steering 模式更接近紧急情况下人员的疏散状态，因此本书模拟均采用 Steering 模式。该案例工程中也将采用 Steering 模式模拟计算分析安全疏散体和下沉式避难空间协同疏散模式在实际超深地下公共空间中的疏散能力。

表 5-2 常用火灾模拟软件比较

软件	原理	用途
Pathfinder 疏散仿真软件	人员紧急疏散逃生评估系统	可对人员个体的疏散运动路径进行仿真模拟，从而直观地展示疏散人群中每个个体的疏散过程以及疏散用时
FDS+EVAC 火灾模拟软件	作为火灾模拟软件的一个疏散模块，配合 CFD 使用	可对人员个体进行属性设置，具有独特的逃生策略；也可模拟小群体疏散行为
Building EXODUS	在元胞自动机模型的基础上，采用二维网格对空间结构进行划分	可追踪疏散个体的运动轨迹，模拟小群体行为，记录运动最短距离
SIMULEX	依据距离图的方法来计算人员运动速度	模拟行人运动、减速、超越、转向和避让等运动模式
SGEM 空间网络疏散模型	将建筑物划分为不同粗细的网格空间	可得到的结果：所有人员、各楼层人员、各单元节点人员疏散完毕所用时间；人员在各个疏散出口的分配情况；疏散过程中的瓶颈状态
STEPS 瞬态疏散和步行者移动模拟软件	采用二维网格描述建筑结构并基于元胞自动机模型	模拟在正常和紧急情况下的人员疏散，可得到不同情况下的人员疏散时间

5.2.2 BIM 模型建立

根据工程项目信息及建筑平面图，运用 Revit 软件绘制 1∶200 的原始红土地站点模型（图 5-5），直观了解站台和站厅内公共设施设置以及出入口位置分布，从宏观上对整个站点信息进行熟悉有利于疏散过程中人员的判断。同时，也为在火灾疏散软件中进行相应的仿真模拟的三维立体模型的导入作基础准备。

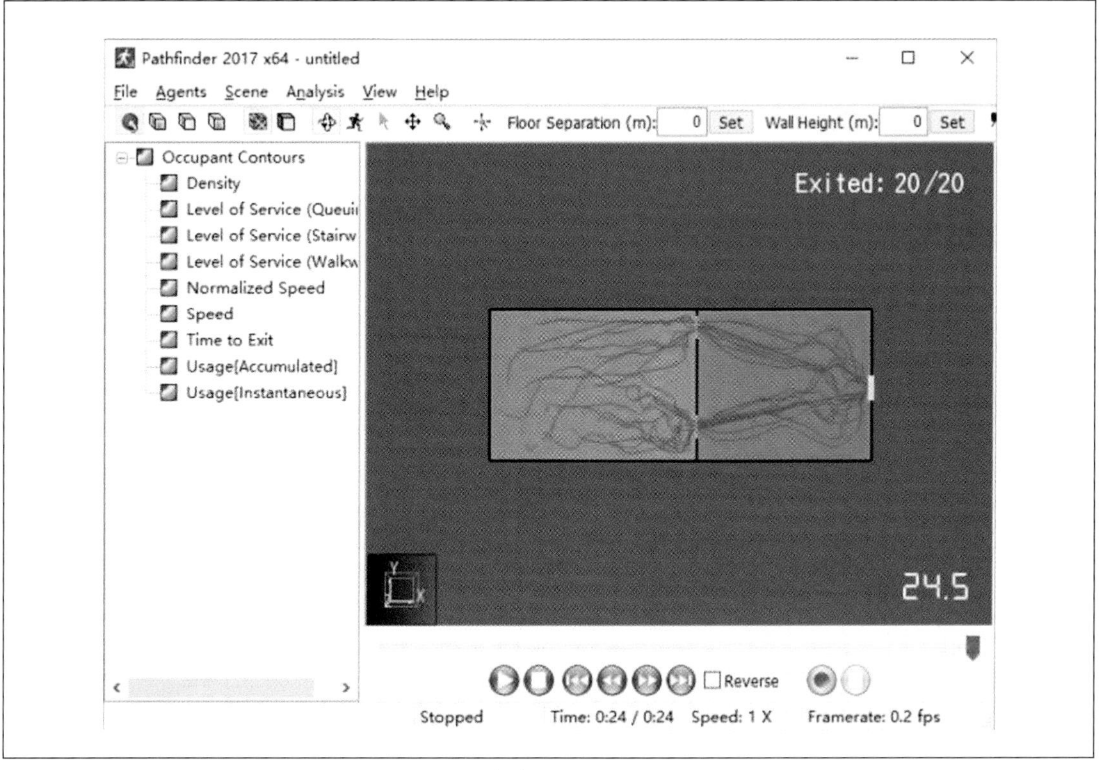

（a）SFPE 模式

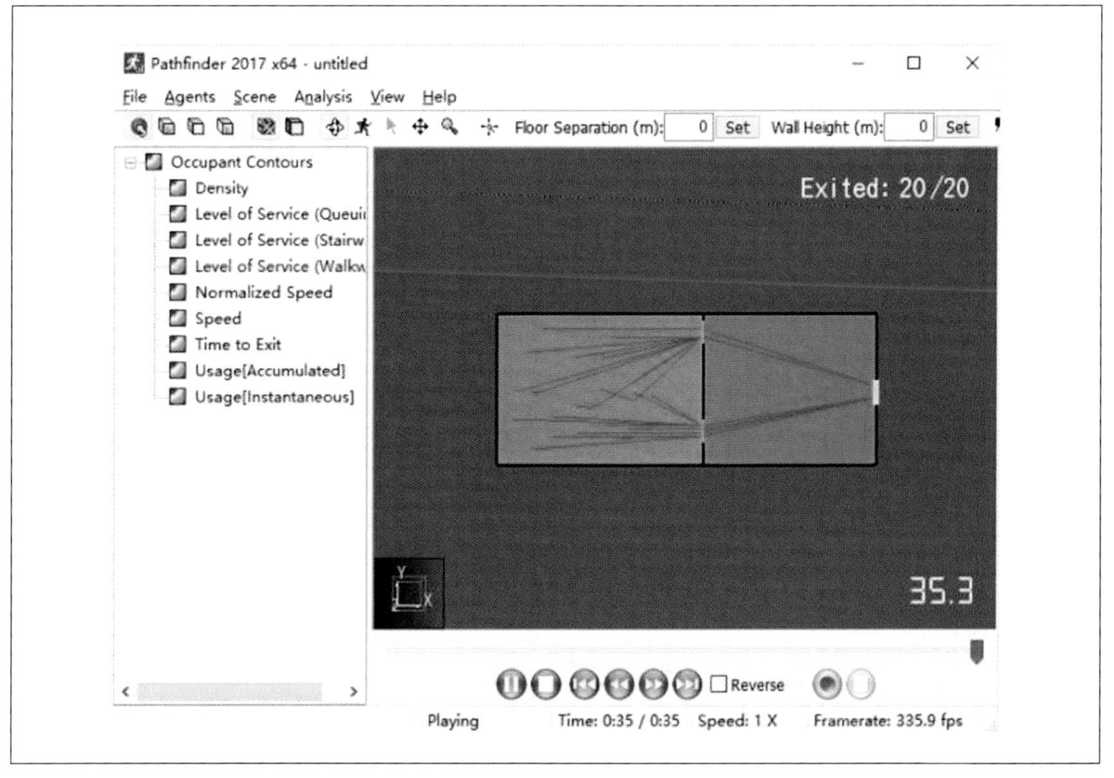

（b）Steering 模式

图 5-4　相同场景下两种模式的疏散路径

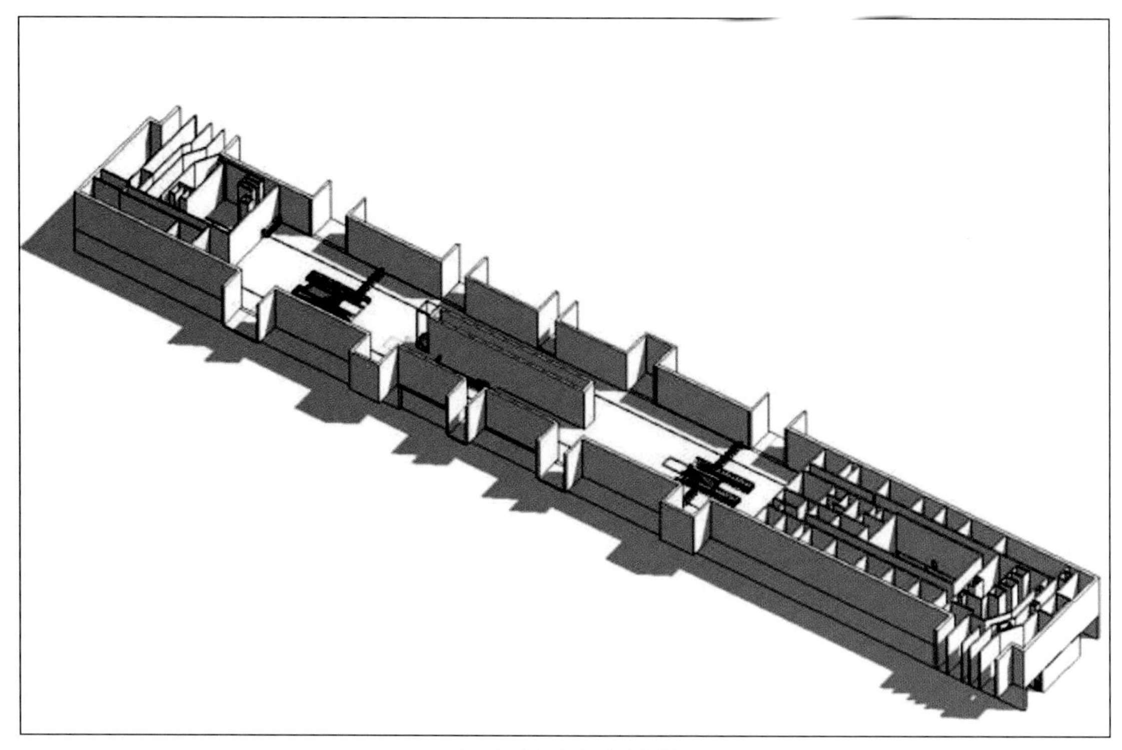

图 5-5 红土地站建筑模型

5.2.3 BIM 模型导入 Pathfinder 形成 pth 模型

由于 Revit 软件与 Pathfinder 软件不兼容，因此必须依托于二者同时兼容的 CAD 软件作为桥梁，将在 Revit 软件中完成的三维立体模型导入 Pathfinder 软件进行相应的人员疏散仿真模拟，即：

第一步，将 Revit 软件中的三维模型保存为 CAD 可读取的 dwg 格式，即导出 dwg 格式的三维模型。

第二步，直接将简化后的 dwg 格式三维模型导入 Pathfinder 软件，形成 pth 格式的三维模型。

导出的 dwg 格式三维模型和 pth 格式的三维模型如图 5-6 所示。

在 Pathfinder 软件中成功导入的 pth 格式模型，可进行多种操作，如模型缩放、方向旋转等，以查看建筑物各个部分以及细节的构造，并根据相应的火灾场景设置约束条件，便于模拟逃生。

5.2.4 模拟特点分析

目前，把 BIM（建筑信息模型）技术与 Pathfinder 火灾疏散软件相结合，以建筑信息作为建立模型的基础，将 3D 模型基于传统的 2D 绘图深度构建。可具有以下特点：

（1）模拟性。利用 BIM 技术和火灾疏散软件从建筑层面对火灾场景进行模拟，不仅是对建筑构建的简单模拟，还实现了对于紧急疏散模式的验证模拟。

（2）可视化。模型的建立及整个疏散模拟过程都是可视化的，使得人员在疏散过程中能够清楚地判断所处位置，准确快速地选择逃生路径。

（3）优化性。考虑信息、复杂程度和时间三种因素的制约，利用火灾疏散软件 Pathfinder 在建立的三维模型上模拟各种疏散模式，定性定量分析火灾状态下人员疏散过程。整个疏散模拟过程中，以节约时间为核心，建筑信息和路径复杂程度为辅助，不断优化疏散模式，从而得出合理化应急疏散策略，使其达到在安全时间范围内人员快速疏散的效果。

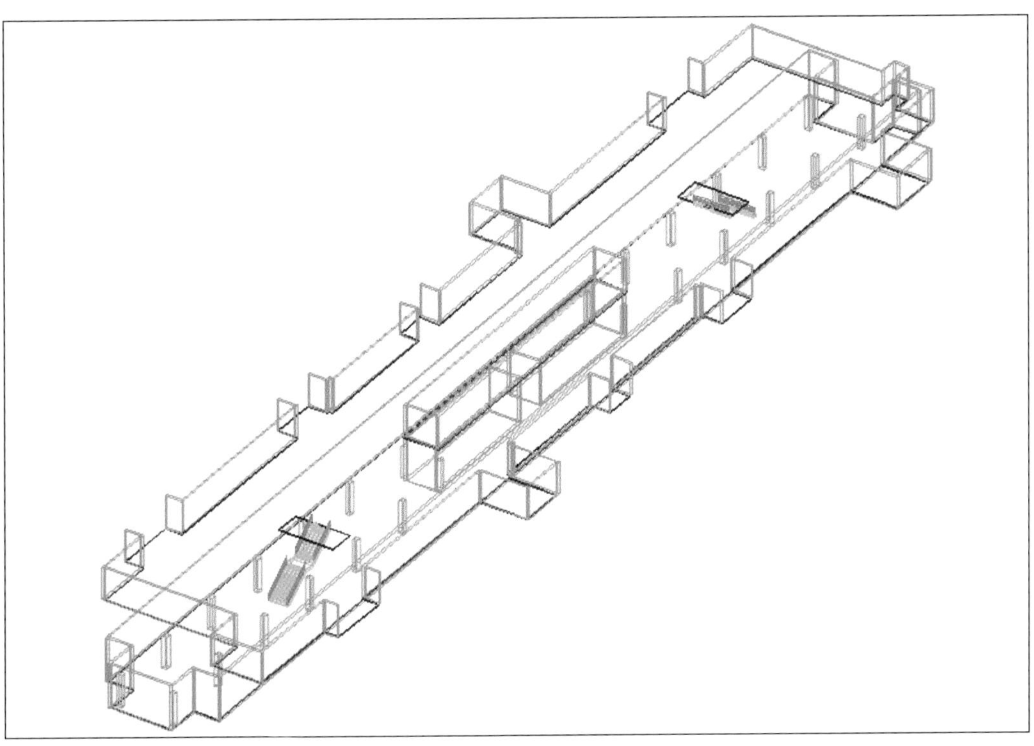

（a）导出的 dwg 格式模型

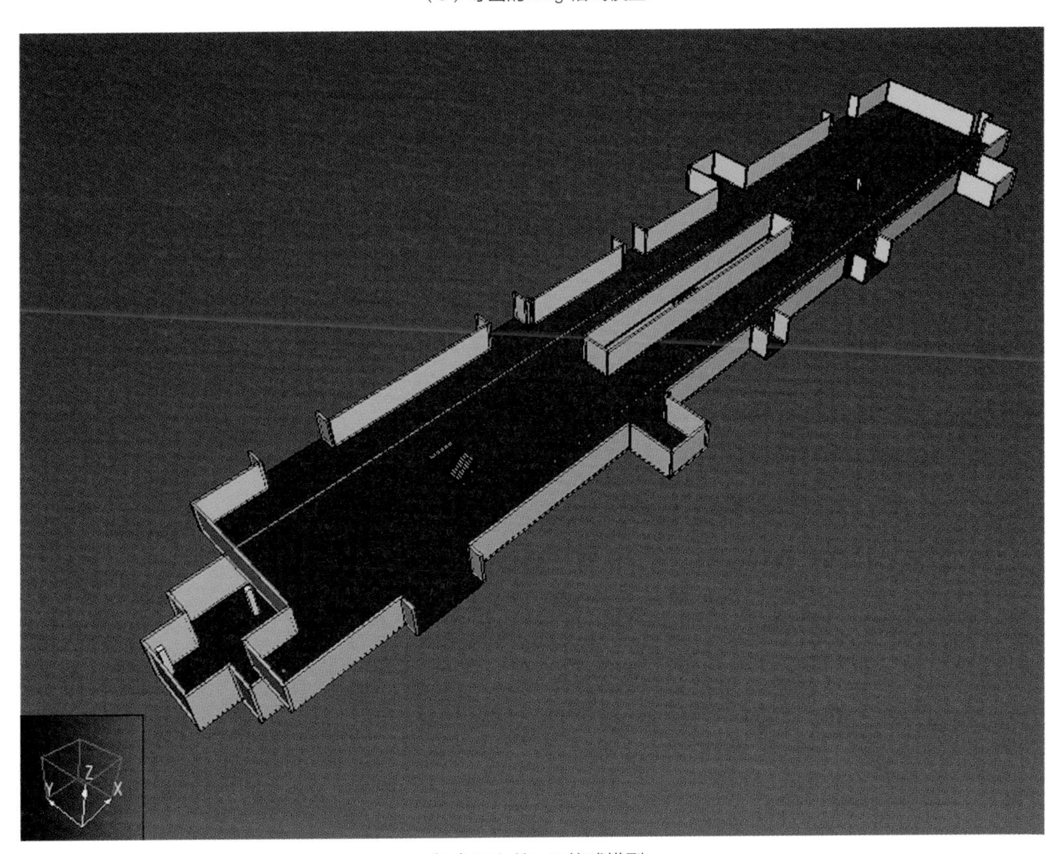

（b）导入的 pth 格式模型

图 5-6　模型格式转换

5.3 仿真模拟与分析

进行软件模拟前，首先对安全疏散体的平面布置与运输能力进行理论分析，科学确定下沉式避难空间与安全疏散体协同的安全疏散模式中安全疏散体的数量构成，使该安全疏散模式的疏散效果在仿真模拟中能得到有效评估。

5.3.1 安全疏散体理论疏散时间分析

1.ASRT 的确定

火灾环境下，ASRT 指火情产生的有害烟气扩散并开始威胁人员生命安全的时间，主要由灾害演化过程决定。该时间可根据烟气层在一个房间内下降到临界高度的时间公式来估算[90]。临界高度是指烟气下降到人眼位置时距离地面的高度。

$$T_a=A_r\cdot(H_r-H_{crit})/(M-E)$$

式中，T_a 为生命受到烟气威胁的时间，即可用安全疏散时间，s；A_r 为房间面积，m^2；H_r 为房间高度，m；H_{crit} 为烟气临界高度，m；M 为烟气产生量，m^3/s；E 为有效排烟量，m^3/s。

固体可燃物单位时间内烟气生成量[91]为：

$$M=\eta B[v_y^0+1.0161(\alpha_m-1)v_0]$$

式中，η 为不完全燃烧系数：$\eta=B_j/B$；B_j 为实际可燃物消耗量，kg/h；B 为参与燃烧的可燃物总耗量，kg/h。

固体可燃物理论烟气产生量为：

$$v_y^0=0.248Q_{dw}^y/1000+0.77$$

式中，α_m 为过剩空气系数，$\alpha_m=V/V_0$；V 为实际空气量，m^3；V_0 为理论空气量，m^3。

固体可燃物的理论空气量为：

$$V_0=0.25Q_{dw}^y/1000+0.28$$

由于地下空间的密闭性，地下建筑多数采用机械排烟的方式，故有效排烟量按单位时间单位面积法确定为：

$$E=vF_i$$

式中，v 为单位时间单位面积上的排烟量，$m^3/(m^2\cdot h)$；F_i 为防火分区的地板面积，m^2。

2.RSET 的确定

RSET 与人员行为、人群特征以及报警系统灵敏度有关，是探测报警时间、人员反应时间及疏散运动时间之和。而疏散过程中人员疏散运动时间由水平疏散、垂直疏散以及出口疏散三部分时间组成。

$$T_{RSET}=T_{det}+T_{resp}+T_{move}$$

其中，$T_{move}=t_1+t_2+t_3$；即 $T_{RSET}=T_{det}+T_{resp}+t_1+t_2+t_3$。

式中，T_{det} 为探测报警时间，s；T_{resp} 为人员反应时间，s；T_{move} 为疏散运动时间，s；另外，t_1 为水平疏散时间，s；t_2 为垂直疏散时间，s；t_3 为出口疏散时间，s。

（1）探测报警时间 T_{det}，地下公共空间内的火灾探测器均设置在顶棚，高度在 3.5～4m 之间。该时间主要取决于环境、烟雾浓度等参数，故没有具体时间的限定。目前，按现有性能较好的报警系统的响应时间估算，可取 10s。

（2）人员反应时间 T_{resp}，指从火灾报警系统发出火灾信号或人员发现火灾开始提醒人员撤离到人员进行疏散的这段时间。人员反应时间根据当时人员状态及所在的场所不同，时间长短也不同，如表 5-3 所示。

（3）水平疏散时间，指人员从空间内任意点到纵向逃生通道的时间与人员在水平逃生通道所消耗时间之和：

$$t_1=\sum\frac{l}{v}$$

式中，l 为空间内从任意点到逃生通道的距离，m；v 为行走速度，m/s。

（4）垂直疏散时间，指人员在纵向逃生通道与垂直疏散系统中所消耗的时间之和：

$$t_2=h_p/v_d+\min(t_e,\ t_s)$$

式中，t_e 为垂直疏散系统中选择电梯方式所需时间，$t_e=2hP_1/(n_eQv_e)$，s；t_s 为垂直疏散系统中选择楼梯方式所需时间 $t_s=\sqrt[1.37]{8.04P_2/W}$，s。$h_p$ 是纵向逃生通道高度，m；v_d 为人员下行速度，m/s；h 为避难空间到出口的距离，m；P_1 是使用电梯疏散的人数，人；n_e 为电梯数量，

表 5-3　不同场所内人员反应时间

场所	人员状态	人员反应时间（min）		
		现场广播	录制广播	警铃警笛
办公商业区、工厂、学校	清醒状态，熟悉疏散环境	<1	3	>4
商店、展览馆、博物馆、休闲中心	清醒状态，不熟悉疏散环境	<2	3	>6
旅馆或寄宿学校	睡眠状态，熟悉疏散环境	<2	4	>5
旅馆、公寓	睡眠状态，不熟悉疏散环境	<2	4	>6
医院、疗养院等社会公共机构	多数人员需协助才能疏散	<3	5	>8

部；Q 为额定荷载，人；v_e 为电梯速度，m/s；P_2 是使用楼梯疏散的人数，人；W 为楼梯有效宽度，m。

（5）出口疏散时间，指人员离开垂直疏散系统达到地面的时间：

$$t_3=\frac{\sum pA_r}{\sum N_{eff}B_{avail}}$$

式中，ρ 为人流密度，人 /m²；A_r 为房间的面积，m²；N_{eff} 为有效的通行能力，人 /（m·s）；B_{avail} 为门的可利用宽度，m。

出口通行能力指单位时间内、单位出口宽度上能够通行的人数，与人流密度 ρ 的关系，可用经验公式 $N_{eff}=1.34\rho\left(1-e^{-1.93(1/\rho-1/5.4)}\right)$ 表示。

在超深地下公共空间中通过延长安全疏散时间、缩短警报系统探测及人员反应时间，从而在有限的必需安全疏散时间内延长人员疏散行动的时间，最终达到安全疏散的目的。

3. 理论疏散时间分析

《城市轨道交通技术规范》GB 50490—2009 中第 7.3.2 条中规定“当发生事故或灾难时，应保证将一列进站列车的预测最大载客量以及站台上的候车乘客在 6min 内全部撤离到安全区”，因此模拟安全疏散时间 ASRT 设为 6min。经验所得探测报警时间与人员反应时间之和不超过 30s。

由于工作区仅少量工作人员可进入，因此模拟中仅以乘客可进入的活动区面积 4357.75m² 进行计算（图 5-7），根据前期计算 1 个安全疏散体的疏散运力可以为地下 341m² 内人员疏散提供保障，为此预先设置 5 个安全疏散体，每个安全疏散体的使用人数平均分布。根据现场调研，同一时刻在该站站台等待的人员以及站厅进站的乘客不超过 700 人，则人员密度为 700/4357.75=0.16 人 /m²。

水平移动速度取 2.0m/s，纵向逃生通道内沿楼梯下行速度为 1.36m/s[92]。

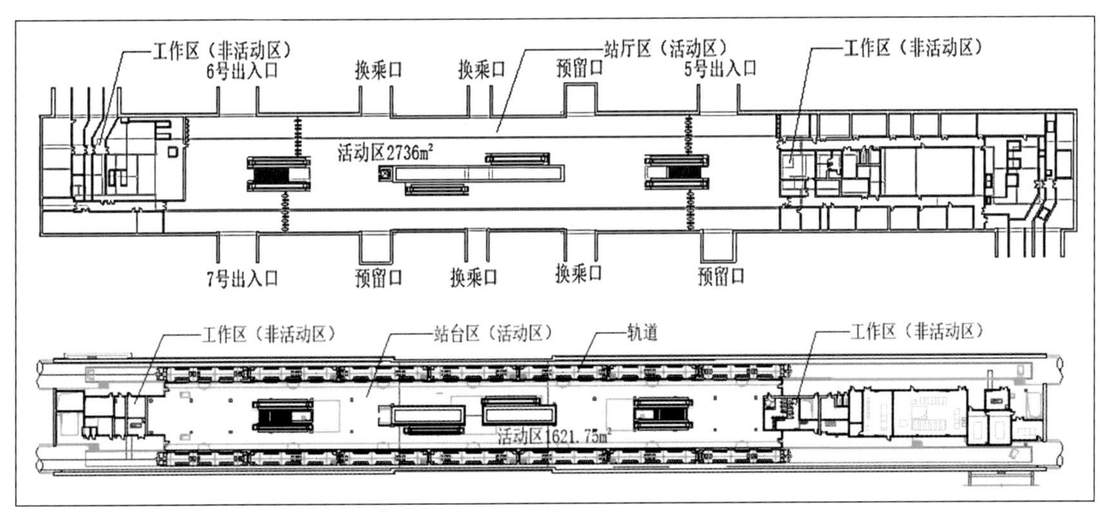

图 5-7　站厅、站台层活动区域

站点中就近选择逃生通道，经测量最远距离为35.5m，水平疏散通道长度9.5m，整个体系下水平移动距离 l_{max} 为45m，则水平疏散时间为：

$$t_1=\sum\frac{l}{v}=l_{max}/v=45/2=22.5s$$

每个安全疏散体配有2部额定负荷为21人、平均速度为2.8m/s的疏散电梯以及1部净宽为1.5m的楼梯。疏散电梯的速度通常大于2.5m/s，取2.8m/s。此工程埋深达到94.467m，取95m，纵向逃生通道高度设为5m，则垂直疏散时间为：

$$t_2=h_p/v_d+\min(t_e,t_s)=h_p/v_d+\min\left(\frac{2hp_1}{n_eQv_e},\sqrt[1.37]{8.04P_2/W}\right)$$

$$=5/1.36+\min\left(\frac{2\times95\times700}{5\times2\times21\times28},\sqrt[1.37]{8.04\times700/1.5}\right)=229.86s$$

经验计算，由电梯荷载及垂直疏散系统休息平台面积得人流密度 $\rho=\frac{2\times21}{9.6\times9}=0.48$ 人/m²，门的可利用宽度为1.5m，则出口疏散时间为：

$$t_3=\frac{\sum pA_r}{\sum N_{eff}B_{avail}}=\frac{0.48\times9.6\times9}{1.34\times0.48\times(1-e^{-1.93(1/0.48-1/5.4)})\times1.5}=44.68s$$

则

$$T_{RSET}=T_{det}+T_{resp}+t_1+t_2+t_3=30+22.5+229.86+44.68=327.04s<T_{ASRT}=360s$$

故而该站点设置5个安全疏散体并运用相应的安全疏散模式可保证站内人员的安全疏散（图5-8、图5-9）。在实际应用中，每个安全疏散体中电梯和楼梯的数量配比可根据工程埋深和疏散人数的实际情况进行调整，使其运力具有灵活性，能保障安全疏散模式有效可靠。从而保证安全疏散模式对于不同超深地下公共空间的适用性。

当火源发生在站厅层时，站台层可作为安全疏散模式中的紧急避难空间进行人员安全疏散，安全疏散路径为站厅层—站台层—水平逃生通道—垂直疏散系统—

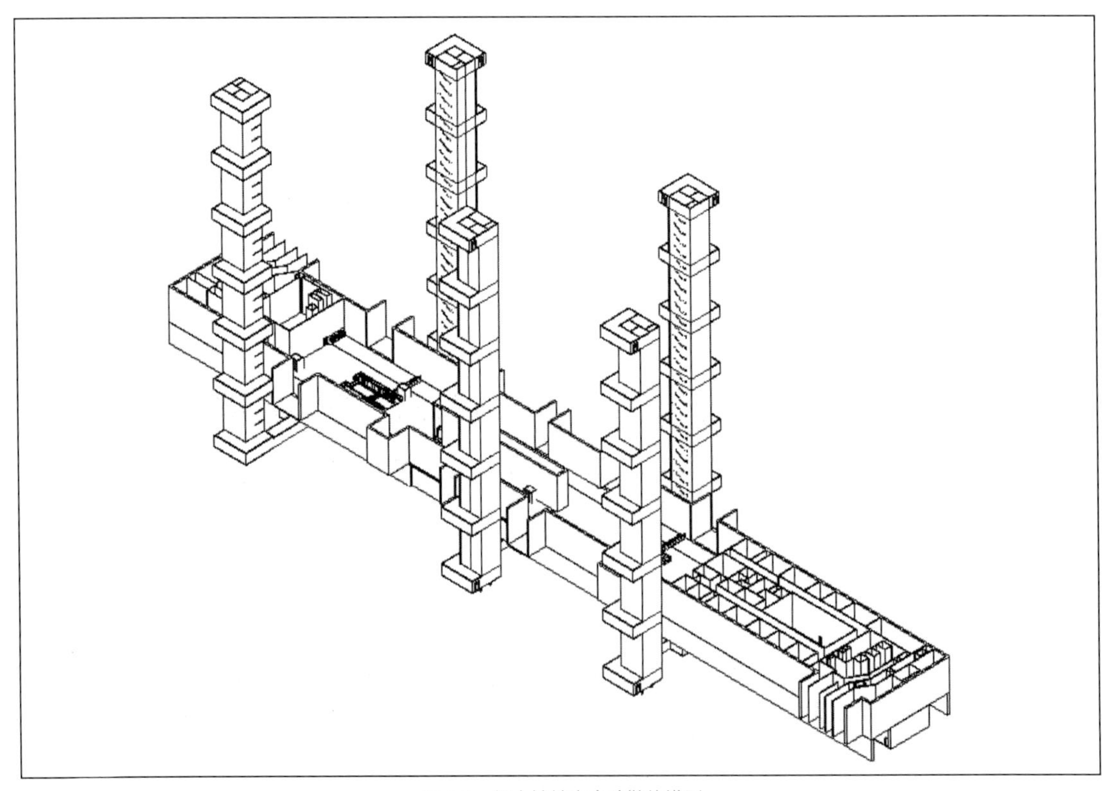

图5-8 红土地站安全疏散体模型

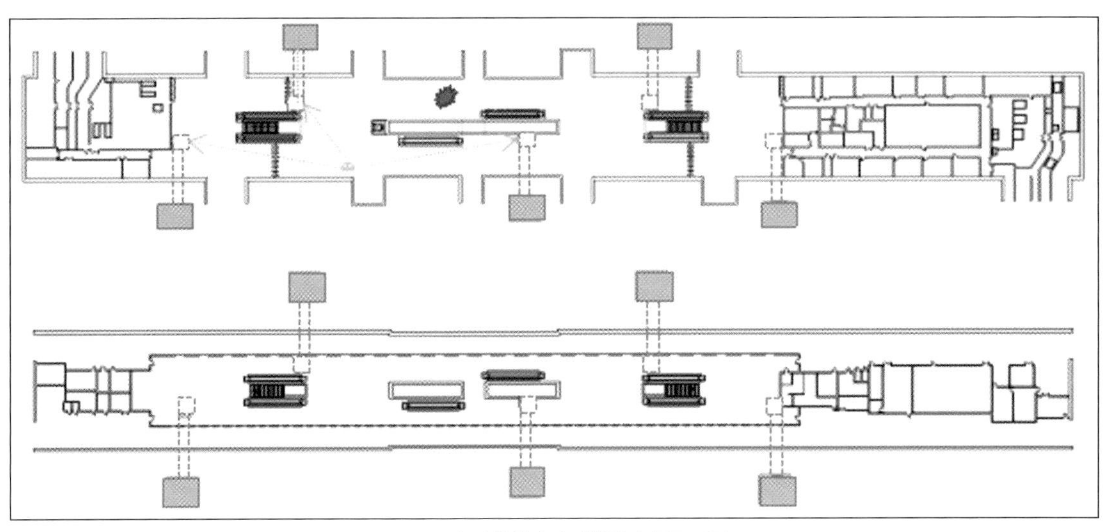

图 5-9　红土地站安全疏散体布置平面图

出口疏散；当火源发生在站台层时，安全疏散路径为水平疏散—纵向逃生通道—紧急避难空间—水平逃生通道—垂直疏散系统—出口疏散。

5.3.2 模拟疏散时间分析

为解决红土地站人员疏散问题，将避难空间设置在待疏散层下一层，以净宽 1.40m 的直跑楼梯连接。每个下沉式避难空间以安全通道连接，形成串联的安全避难空间。根据计算，设置 5 个安全疏散体，每个安全疏散体中设有电梯 2 部，净宽 1.40m、休息平台宽 1.50m 的双跑楼梯 1 部。每部电梯额定载重 21 人，最大速度为 8m/s，加速度为 $1.2m/s^2$，开关门总用时 7s，电梯门宽度为 1.5m，轿厢尺寸为 3m×3m。模拟假定地下待疏散的 700 人随机分布在站厅、站台层（图 5-10），人员疏散速度为 1.19m/s，保持不变。下沉式避难空间和安全疏散体在软件中的模拟如图 5-11 所示。安全疏散体中楼梯与电梯分别进行疏散模拟，如图 5-12、图 5-13 所示。

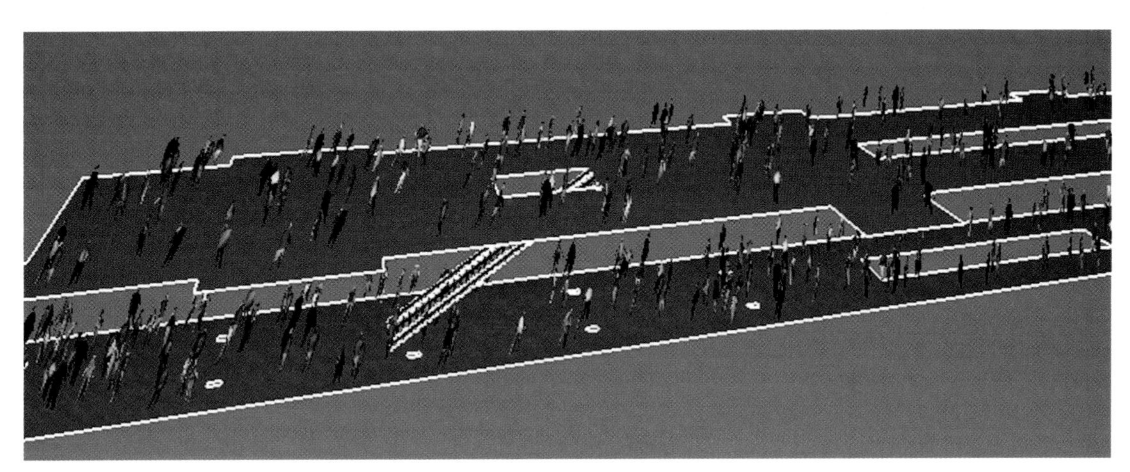

图 5-10　站点场景模拟

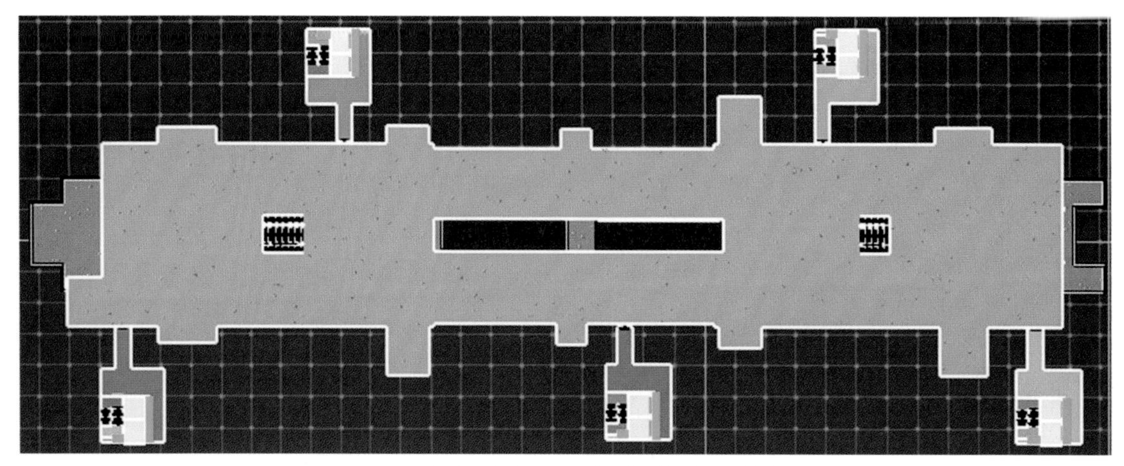

图 5-11　下沉式避难空间和安全疏散体在软件中的模拟

图 5-12　模拟楼梯疏散场景

图 5-13　模拟电梯疏散场景

软件模拟当站厅层起火时人员全部疏散到站台层所需疏散时间为 89.5s，该站点仅设置 2 组楼梯与扶梯，实际疏散时在楼梯处易发生拥堵。站台层的人员疏散路径如图 5-14 所示。假定所有疏散人员仅通过安全疏散体中的楼梯进行疏散时，理想状态下通过下沉式避难空间与安全疏散体的安全疏散模式第一个疏散到地面的人员平均耗时 278.8s，直到最后一个人员疏散结束总用时 602.5s。楼梯疏散时出口的通过率如图 5-15 所示。使用楼梯进行人员疏散时疏散连续性较好，在 330 ～ 540s 内人员通过率维持在 0.5 ～ 0.56 人 /s 小幅度波动连续不断通过出口，在 540s 至结束，除其中一个出口仍有人通过外，其余各出口陆续疏散完毕，出口通过率突然增加，最高达 0.95 人 /s。

调整 Pathfinder 中参数设置，模拟火灾发生时待疏散人员均依靠安全疏散体中的电梯进行疏散，通过下沉式避难空间与安全疏散体的安全疏散模式的全部人员共需 317.8s 疏散完毕。仅电梯疏散时出口的通过率如图 5-16 所示，出口通过率在 0 ～ 2 人 /s 之间波动，呈周期性变化。每隔一段时间，疏散速度降为 0m/s，即出口处无人通过。这种情况表明电梯已将一批人员从疏散层运送到地面完成疏散，而下一批疏散人员正在等待电梯运送或正处在电梯运送的过程中。

模拟结果发现，该站点设置 5 个安全疏散体时，人员通过下沉式避难空间与安全疏散体协同的安全疏散模式仅使用电梯疏散就能满足相关规范中规定的紧急情况下 6min 内将站点全部人员疏散到安全区域。并且人员疏散的理论计算时间为 337.61s，与模拟中仅使用电梯疏散的时间 317.8s 相差不到 20s，模拟结果较准确，且疏散时间都在规范规定范围内。因此在该站点设置 5 个安全疏散体，每个安全疏散体中含有 2 部电梯 1 部楼梯，可保障人员的安全疏散。尽管模拟中仅电梯就能完成人员疏散，但楼梯可以分散一部分人流，电梯再承担另外的人流疏散，可以将安全疏散体的疏散效率保持在相对稳定的水平。

为了分析红土地站点安全疏散体的疏散效率，调整安全疏散体的数量，并改变电梯和楼梯疏散人员的比例，其他条件保持不变，通过模拟得到疏散时间，如表 5-4 所示。

由图 5-17 可直观看出，当超深地下公共空间中增加安全疏散体的设置能有效降低空间中人员疏散时间，并且安全疏散体的数量也直接影响人员的疏散效率。在每条折线中都出现了最低值，也意味着当安全疏散体数量增加时，电梯疏散人数占比越大疏散效率越高，最大效率拐点随之后移，即最少疏散时间向右移。当设置 1 个安全疏散体时，电梯疏散人数占比在 0 ～ 50% 之间，疏散时间近似呈线性趋势稳步减少，即在此区间内疏散效果稳步增加。在 50% 处出现拐点，之后疏散时间逐渐增加，因此设置 1 个安全疏散体时，电梯疏散人数占超深地下公共空间总人数的 50% 内，可以有效提高人员的疏散效率。当设置 2 个安全疏散体时电梯疏散人数

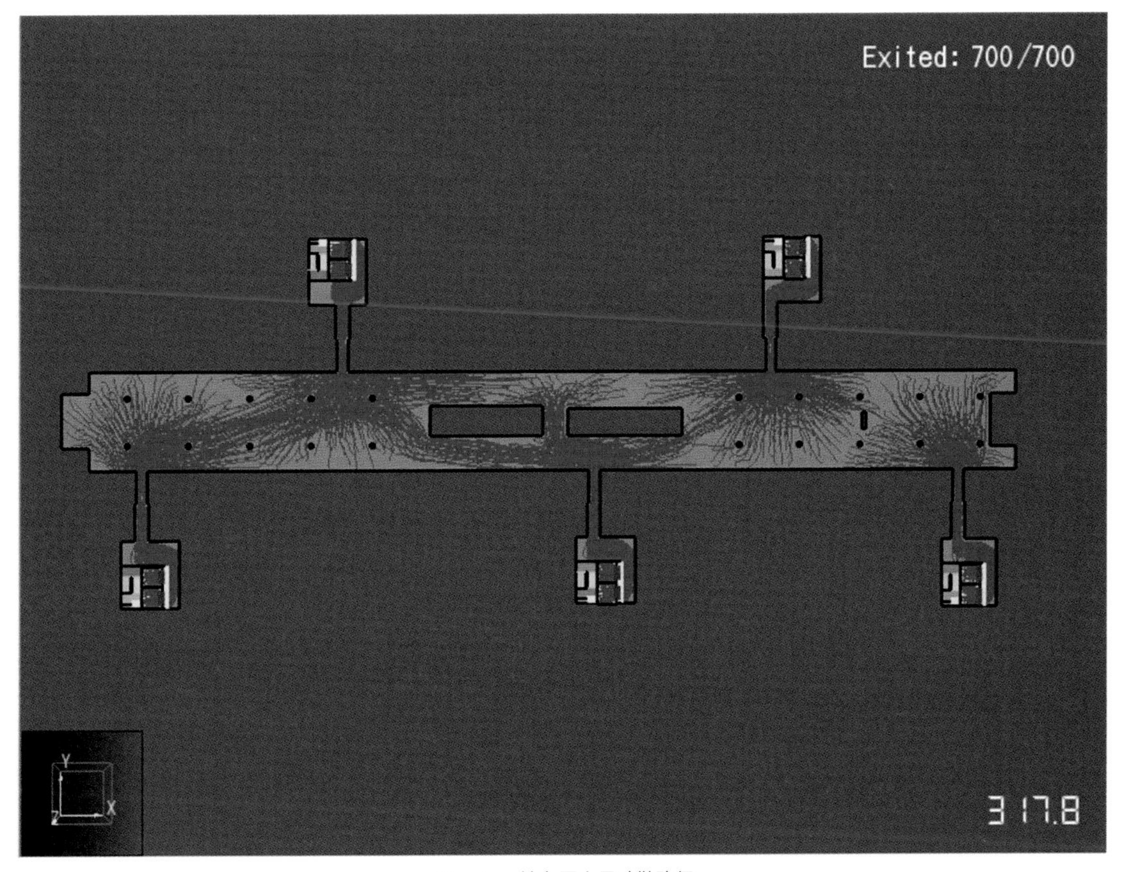

图 5-14　站台层人员疏散路径

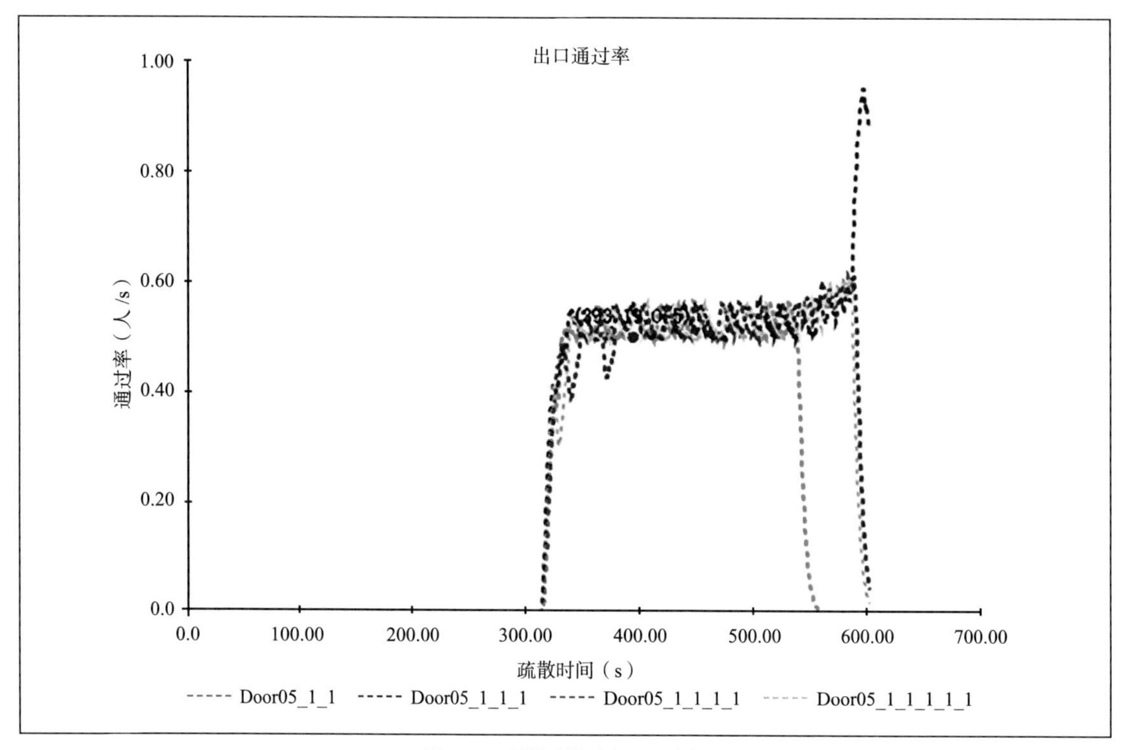

图 5-15 楼梯疏散时出口通过率

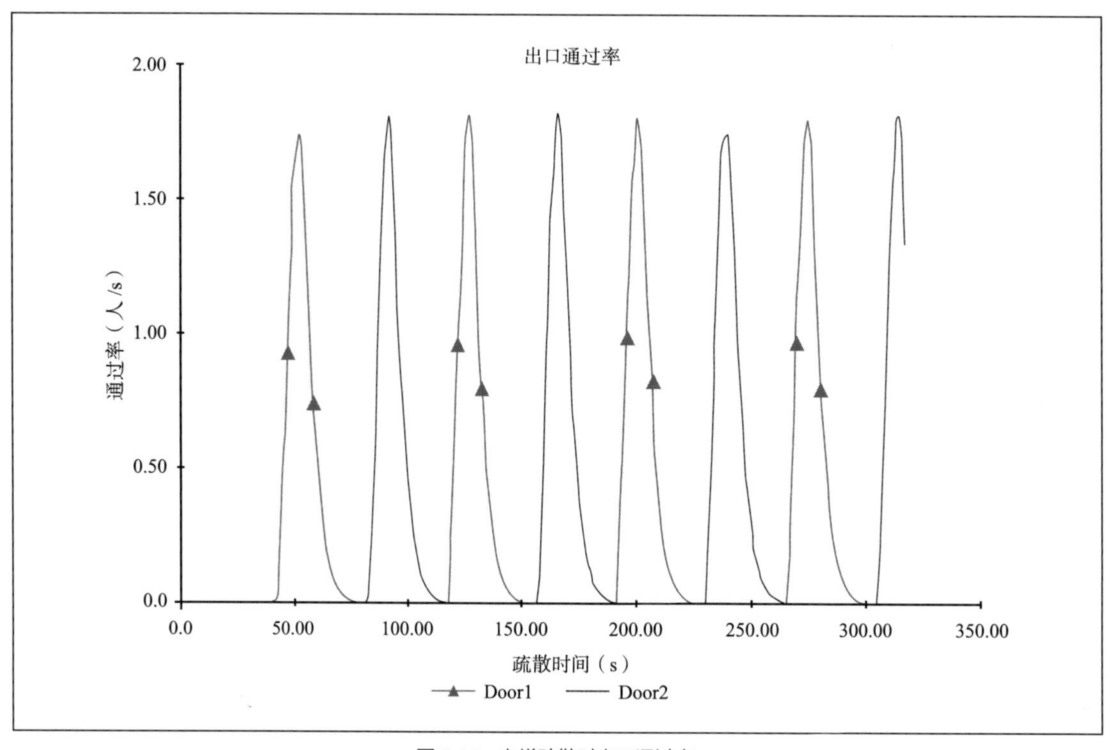

图 5-16 电梯疏散时出口通过率

表 5-4　模拟疏散时间表

电梯疏散人数占比（%）	楼梯疏散人数占比（%）	1 个安全疏散体疏散时间（s）	2 个安全疏散体疏散时间（s）	3 个安全疏散体疏散时间（s）	4 个安全疏散体疏散时间（s）	5 个安全疏散体疏散时间（s）
0	100	1029.5	793.3	683.5	631.5	602.5
10	90	977.3	774.0	675.0	616.8	594.8
20	80	927.5	729.8	648.8	597.8	553.8
30	70	867.0	709.8	639.0	572.5	528.0
40	60	808.5	672.8	609.8	562.0	528.0
50	50	760.8	648.5	574.5	510.5	470.5
60	40	784.5	601.0	525.3	488.0	459.5
70	30	929.0	544.3	478.5	453.3	440.0
80	20	1057.8	604.0	426.8	416.3	406.5
90	10	1151.5	682.3	452.0	371.3	357.8
100	0	1291.3	750.3	482.3	398.3	317.8

资料来源：作者自测

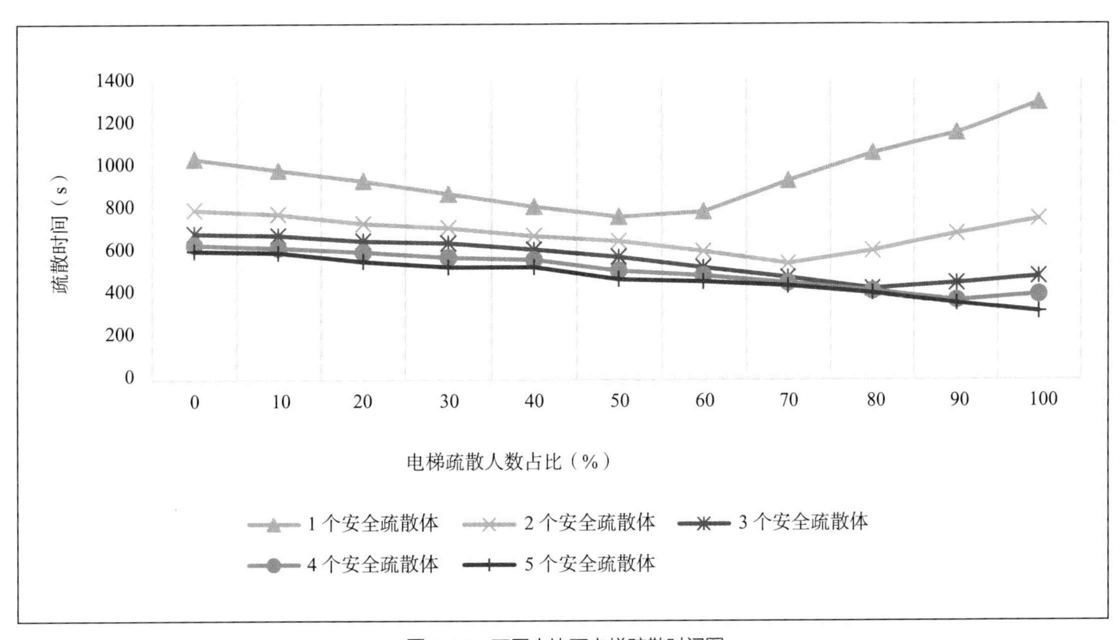

图 5-17　不同占比下电梯疏散时间图

占比 70%，设置 3 个安全疏散体时电梯疏散人数占比 80%，设置 4 个安全疏散体时电梯疏散人数占比 90%，设置 5 个安全疏散体时电梯疏散人数占比 100%，理论上可有效提升超深地下公共空间的疏散效率。但在实际工程中，工程造价与工程难度是参建各方重点关注的因素，安全疏散体数量增加的同时工程造价与工程难度也随之增加。因此设计人员可以充分考虑建设成本、使用主体以及其他因素的需要，根据项目的实际情况，控制安全疏散体数量与电梯疏散人数的占比在合适范围内，即可有效提高超深地下公共空间中人员的疏散效率。

5.4 基于 BIM 和 VR 的预防对策

5.4.1 BIM 数据库建立

BIM 数据库在模型建立的过程中就已经存储对应的空间、属性信息，同时建立明确的数据库之间的拓扑关系，例如梁板柱与管道洞口等有相互影响的关系。链接空间与属性的数据库可以实现信息的快速查询，并实现二维图形与三维空间的联动[93]。利用 BIM 技术建立数据库，存储和管理地下空间数据，建立地下公共空间的三维模型。在地下空间的开发、建设中，管理者可随时对整个施工区域进行信息补充和更新，从而不断提高模型的精度，方便后期管理中对突发状况采取有效措施。

对于在建地下空间，在设计规划阶段就可以运用 BIM 技术进行 1 ∶ 1 实体仿真建模（图 5-18），建筑物的构件，如柱、梁、板、门窗、屋顶等都包含相应尺寸、位置信息并独自存在，同时还包含材质所具有的物理特性，如防火保护材料的导热系数、耐火极限、密度及比热容等，其中导热系数及比热容对建筑物的热量传导有着重要影响[94]。这些信息所构成的数据库在设计、施工阶段能有效提高工作效率，也能更好地服务于运营阶段，以便运营阶段火灾发生时，能快速地从数据库中筛选出火灾发生的潜在原因，排除干扰及时采取准确有效的处理措施。

对于已经建成的地下空间，将实地测量与资料收集所得的真实数据录入数据表，建立完善的 BIM 实体仿真模型。例如在 10 号线红土地站模型建立的过程中，收集其埋深、地理位置、出入口方向，以及墙体材料、柱体材料和其他基础设施所具备的真实信息，录入模型信息，使模型的参数与真实情况一致。最终建立的模型具备了建筑物完整的实际信息，其模型本身也是该建筑物的数据库体现。

BIM 不仅泛指一类模型绘制工具，还是一种信息化的管理手段。通过 BIM 技术能充分实现建筑全生命周期各个阶段的建筑信息的数字化，保证了从规划设计阶段到运维阶段信息的连贯性。利用 BIM 技术，将工程做法、材料信息、设备信息整合在模型中，例如建

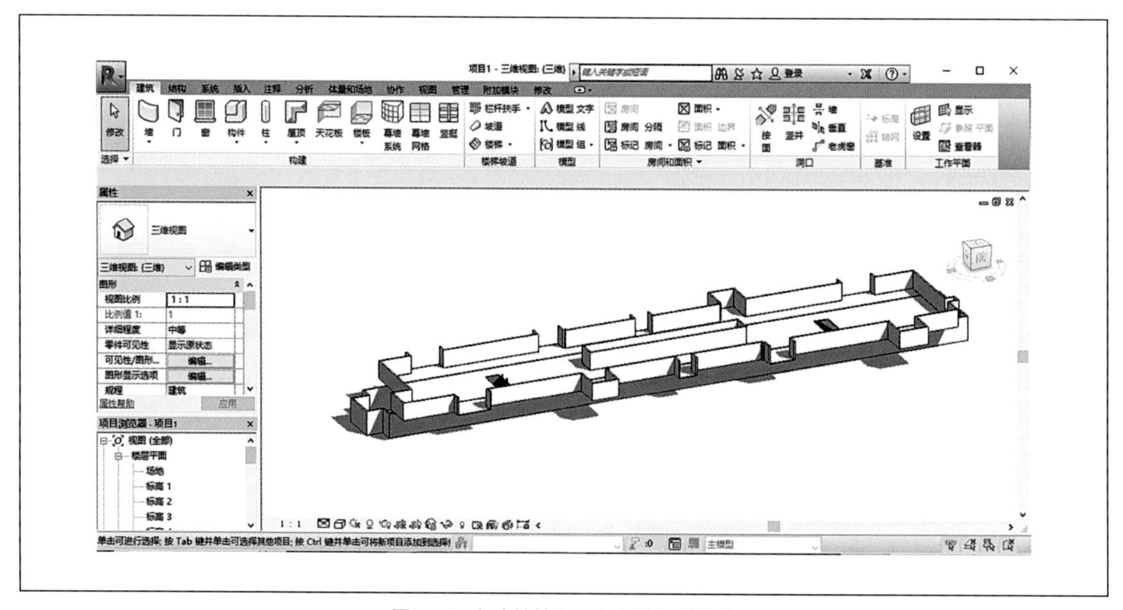

图 5-18 红土地站 1 ∶ 1 实体仿真建模

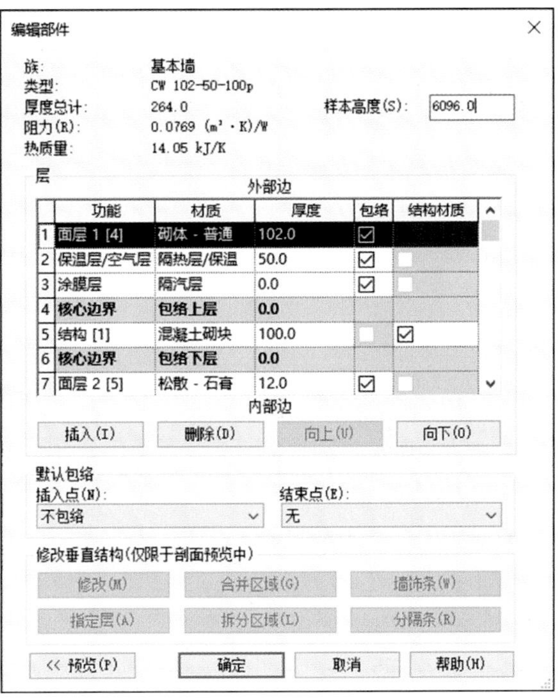

图 5-19　Revit 中墙参数设置

筑物中基本墙的参数设置如图 5-19 所示。建立超深地下公共空间安全疏散的 BIM 数据库，为安全疏散设计提供有效依据。火灾初期工作人员能快速查询地下空间属性以及火源坐标位置并测量火源与各安全疏散口的距离，选择适合现场状况的一种安全疏散模式，因此运用 BIM 技术还能提升灾害预警应急水平。

5.4.2 VR 技术辅助预防宣传

VR（Virtual Reality）是一种交互式仿真系统，能模拟和体验虚拟世界，利用计算机融合多源信息，并通过三维动态视景去感知实体行为下的虚拟世界[95]。VR 虚拟技术可以实现以下功能：

（1）沉浸式三维场景体验；

（2）体验者可自由选择多种模式的模拟现场漫游；

（3）满足不同类型的体验者的需求。

成本低，安全无风险是 VR 的一大优点。VR 体验相较于实训火灾模拟所花费的人力、物力、财力都有明显的优势。运用 BIM 技术，对地下空间环境进行模拟仿真，结合 VR 技术，设定一定的故事情节，如突发火灾状况，在虚拟的真实环境中体验火灾发生时的情形，如图 5-20、图 5-21 所示，让体验者直观感受火灾状况下地下空间的环境状态，以及自身体会。

VR 体验流程如图 5-22 所示。体验者根据提示完成逃生系统的操作培训，包括系统启动、火灾场景模拟、逃生模拟。场景中，体验者对消防设备的使用以及有效的路线选择进行一体化展示，过程中也将引导体验者根据提示进行自救。场景以了解火灾逃生常识为前提，减少体验者对火灾的恐惧，冷静面对突发的火灾灾害。以此达到安全事故教育预防目的，并加强人员空间熟悉感，使地下空间中人员在突发情况下能及时采取有效的应急措施，并能快速找到正确的疏散路线。

利用 VR 技术，也可使地下公共空间中的工作人员加强巩固消防相关知识，进行经常性的演练，使其达到充分熟知每个疏散路线，并保证能正确引导人群安全疏散的目的。充分发挥现场工作人员在火灾初期的作用，积极响应并快速有效地组织引导人群安全疏散，这也是从根本上增强超深地下公共空间中的人员面对火灾自防自救的方法之一。

目前，BIM+VR 技术在地下公共空间中的应用还处在发展阶段。VR 沉浸式三维场景体验，在 BIM 的三维模型基础上加强了空间虚拟与现实的交互功能，从而

图 5-20 VR 体验环境

图 5-21　火灾模拟场景

图 5-22　VR 体验流程

很大程度上提升了 BIM 应用的可视化和具象化效果，进而推动其在地下公共空间的推广和应用。BIM+VR 解决了工程中“所见与所得不匹配”以及“管理控制难”两大痛点，不仅将建筑信息化、三维化，还加强辅助项目管理。BIM 技术在 VR 模拟中能为安全疏散模拟提供真实的平台，与实际建筑契合的三维结构模型也有利于进行人员疏散情况的模拟。通过构建虚拟的真实场景，增强体验者的可视化印象。

在超深地下公共空间人员安全疏散过程中，将前期的 BIM 模型建设及数据库建立与 VR 推广宣传教育相结合，从而达到预防的目的。在疏散过程中，以前期建立的数据库为基础，可对火灾原因进行排查，并找出优化可行的安全疏散模式，对人员进行快速安全疏散；后期维护阶段，对地下管线、各种设备设施进行检查，对疏散工程中存在的问题进行空间优化，使超深地下公共空间从预防到实际安全疏散对人员具有良好的整体保障。

结 语

2019年春节期间，电影《流浪地球》不断被刷屏，里面的场景也让人们印象深刻。作者刘慈欣用科幻的笔法描写地球在流浪的过程中，地表的温度降为零下80多度，不再适合人类的生存。为了活命，人类被迫迁移到了“地下城”中生活。在地下世界中，现实生活中的各种生活服务、商业、学校应有尽有。这样生动的场景引起了不少人的好奇和遐想。其实“地下城”这个概念早在古罗马时期就提出来了，土耳其的卡帕多奇亚就曾经挖掘出了成型的“地下城”。其中德林库尤“地下城”最为精巧奇异，它深入地下11层，有600个出入口，连接到其他城市的地下隧道，有数英里长。到了现代社会，随着工业的发展，人们对土地的需求越来越大，在地面的空间开发饱和后，人们再次将注意力转移到了地下。1962年建成的世界著名的地下商业街——加拿大蒙特利尔地下商业街，设施非常齐全，人们走在里面跟平时在地面逛街没有什么不同。

地下空间开发总体经历了由市政主导——交通主导——全面发展的历程。

早期工业革命时期地下空间是以公用基础设施建设为主导，以市政管线建设为主；而1863年，世界第一条地铁——伦敦Metropolitan Line（大都会线）的建立，使得地下空间开始向交通主导转变，同时还建设有各种完善的商业服务设施，最终形成了不少的“地下综合体”。谢和平院士在《煤炭学报》发表的学术文章中，提出了关于“地下城”5.0版建设的战略构想和科研论证。按照这个构想：地下0～50米是地下轨道交通、管网系统及避难设施，地下50～100米是地下宜居城市，地下100～500米是地下农业、地下医学与地下生态圈以及战略资源储备，地下500～2000米是地下能源循环带、地下抽水储能、压缩空气发电站、地下热能等调储利用，地下2000米以上是深地科学实验室、深地固态资源液态化开采。目前，我国已将深地开发列入了国家重大科技专项，要全面提升深地工程科学和技术的水平和能力，力争到2035年，深地钻要达15000米，油气开采要到10000米，地热开发到6000米，固态资源开采到3000米，地下空间工程到1000米。

本书作者多年来对地下空间的利用进行一些有意的探索，从建筑设计的角度对地下公共空间人员的安全疏散开展了专门的研究，并将超深地下空间定义为50米以下，这有别于上述“地下城”实例的空间定位，也超出了我国现行相关防火等规范的地下深度范围，算是一个大胆的尝试与创新。无论如何，超深地下空间的开发利用还面临许多适宜的、现代的技术和设计标准的应用问题，只有在大胆的创新与实践中才能将理想变为现实，将“流浪地球”的乌托邦真正在深地空间中变为现实的魔幻之城。

参考文献

[1] 朱合华，骆晓，彭芳乐，等．我国城市地下空间规划发展战略研究 [J]. 中国工程科学，2017, 19(6): 12-17.

[2] 赵宇．人防工程建设与城市地下空间开发利用相结合战略及对策研究 [D]. 重庆：重庆大学，2004.

[3] 尹亮．城市总体布局中地下空间开发利用研究 [D]. 长春东北师范大学，2011.

[4] 李耀明，郝震．谈地下建筑火灾的特点及预防措施 [J]. 武警学院学报，2003, 19 (6): 27-28.

[5] JEON G Y, KIM J Y, HONG W H, et al. Evacuation performance of individuals in different visibility conditions[J]. Building and Environment, 2010, 46(5): 1094-1103.

[6] XIE W, LEE E W M, CHENG Y Y, et al. Evacuation performance of individuals and social groups under different visibility conditions: experiments and surveys[J]. International Journal of Disaster Risk Reduction, 2020, 47: 365-371.

[7] HAGHANI M, SARVI M, SHAHHOSEINI Z. Evacuation behaviour of crowds under high and low levels of urgency: experiments of reaction time, exit choice and exit-choice adaptation[J]. Safety Science, 2020, 126: 679-686.

[8] ZHU R H, LIN J, BECERIK-GERBER B, et al. Influence of architectural visual access on emergency wayfinding: a cross-cultural study in China, United Kingdom and United States[J]. Fire Safety Journal, 2020, 113: 963-968.

[9] PARRIAUX A, TACHER L, JOLIQUIN P. The hidden side of cities—towards three-dimensional land planning[J]. Energy & Buildings, 2004, 36(4): 335-341.

[10] JIN B W, WANG J H, WANG Y, et al. Temporal and spatial distribution of pedestrians in subway evacuation under node failure by multi-hazards[J]. Safety Science, 2020, 127: 469-476.

[11] RONCHI E. Developing and validating evacuation models for fire safety engineering[J]. Fire Safety Journal,2020(5): 168-175.

[12] JOSÉ H, CANÓS F D Z. Using hypermedia to improve safety in underground metropolitan transportation [J]. Multimedia Tools and Applications, 2004, 22: 75–87.

[13] MCGRATTAN K, KLEIN B, HOSTIKKA S, et al. Fire dynamics simulator (Version5): User's guide[Z]. National Institute of Standards and Technology, 2007.

[14] UMNOV V. Urban underground space conservation management[J]. Tunnelling And Underground Space Technology, 2019, 19 (4-5): 372.

[15] LOSM, FANG Z, LIN P. An evacuation model: the SGEM package[J]. Fire Safety Journal, 2004, 39(3): 169-190.

[16] GUO Q F, DONG Z H, CAI M F, et al. Safety evaluation of underground caverns based on monte carlo methods[J]. Mathematical Problems In Engineering, 2020 (7): 1-7.

[17] HOU J, GAI W M, CHENG W Y, et al. Statistical analysis of evacuation warning diffusion in major chemical accidents based on real evacuation cases[J]. Process Safety and Environmental Protection, 2020, 138: 90-98.

[18] YONEYAMA N, TODA K. Best practices on flood prevention, protection and mitigation[Z]. 2003 (9).

[19] HAGHANI M.Optimising crowd evacuations: Mathematical, architectural and behavioural approaches[J].Safety Science, 2020, 128: 474-480.

[20] ALAM M J, HABIB M A.Modeling traffic disruptions during mass evacuation[J].Procedia Computer Science, 2020, 170: 506-513.

[21] GAO H, MEDJDOUB B, LUO H B, et al. Building evacuation time optimization using constraint-based

design approach[J]. Sustainable Cities and Society, 2020, 52: 839-844.

[22] LI Z H, XU W T. Pedestrian evacuation within limited space buildings based on different exit design schemes[J].Safety Science, 2020,124(3): 457-461

[23] 郭海林，张利欣．火灾条件下城市地下空间的安全疏散研究 [J]. 城市建筑，2013 (14): 208.

[24] 向鑫．轨道交通型地下综合体疏散空间设计研究 [D]. 北京：北京工业大学，2012.

[25] 胡斌，田梦，吕元．地下商业综合体疏散设计探讨——以北京市海淀区个案为例 [J]. 地下空间与工程学报，2016, 12 (2): 287-292.

[26] 吕辰，刘泽功，周建，等．建筑火灾时期人员密度对安全疏散时间的影响分析 [J]. 中国安全生产科学技术，2013, 9 (7): 44-48.

[27] 方平，唐军．轨道交通联通型地下空间人员疏散的研究 [J]. 消防科学与技术，2016, 35 (7): 927-930.

[28] 陈志龙，伏海艳．城市地下空间布局与形态探讨 [J]. 地下空间与工程学报，2005, 1 (1): 25-29, 33.

[29] 常守民，汤桦，陈保健．大型地下商场安全疏散厅设计探析 [J]. 地下空间与工程学报，2008, 4 (5): 798-802.

[30] 龚晨，苏剑鸣，蒋新然．过渡空间在展览建筑中应用研究 [J]. 安徽建筑，2015,22 (3): 9-12.

[31] 陈长坤，徐志胜．长大公路隧道火灾安全疏散性能化设计与分析 [J]. 中国工程科学，2007, 9 (9): 78-83.

[32] 潘永峰．城市地下商业空间步行出入口设计研究 [D]. 长沙：湖南大学，2009.

[33] 丁润川．地下商场安全疏散设计难点分析 [J]. 消防科学与技术，2014, 33 (10): 1134-1137.

[34] 董贺轩，倪伟桥，陈果．城市多层面空间垂直转换节点使用后评价研究——以武汉光谷现代风情街为例 [J]. 华中建筑，2016 (1): 136-140.

[35] 李静影．地下空间分区与疏散设计解析 [J]. 武警学院学报，2014, 30 (2): 41-42.

[36] 舒士勋．人防工程用于地下商业建筑防火安全疏散设计分析 [J]. 中国科技投资，2017 (6): 20-21.

[37] 杨洋．哈尔滨市地下商业街安全导识系统设计研究 [D]. 哈尔滨：哈尔滨工业大学，2013.

[38] 杨淑江，倪天晓，彭锦志，等．大型商业综合体安全疏散走道加压送风方式研究 [J]. 消防科学与技术，2013, 32 (1): 22-24.

[39] 王超，王汉良，韩见云．超高层建筑电梯疏散效率研究 [J]. 消防科学与技术，2014, 33 (11): 1257-1260.

[40] 柳昆，彭建，彭芳乐．地下空间资源开发利用适宜性评价模型 [J]. 地下空间与工程学报，2011, 7 (2): 219-231.

[41] 刘梦洁．基于 FDS 和 Pathfinder 的地铁车站火灾疏散研究 [D]. 武汉：华中科技大学，2016.

[42] 苏晶．基于 SES 模拟的某地铁跨海隧道防排烟方案研究 [J]. 铁道工程学报，2016, 33 (4): 91-94.

[43] 章能胜．基于 CFD 的地铁车站火灾数值模拟研究 [D]. 昆明：昆明理工大学，2013.

[44] 王延钊．基于改进元胞自动机地下空间人员疏散模拟研究 [D]. 重庆：重庆大学，2008.

[45] 孙丙伦，曲红专，栾国栋．大直径超深人工挖孔扩底灌注桩施工技术 [J]. 施工技术，2007(s1): 49-52.

[46] 郑云刚，王自忠，杨世相，等．城市复杂条件下超深基坑支护技术的研究与应用 [J]. 施工技术，2014, 43(1): 73-77.

[47] 丘建金，高伟，周赞良，等．超深基坑及超大直径挖孔桩施工对临近地铁变形影响分析及对策 [J]. 岩石力学与工程学报，2012, 31(6): 1081-1088.

[48] 胡望社，李俊钊，李自力，等．基于 pathfinder 的超深地下公共空间垂直疏散体设计——以青岛某地下人防工程为例 [J]. 后勤工程学院学报，2015, 31(6): 27-32.

[49] 李俊钊．超深地下人防工程安全疏散及垂直疏散体设计研究 [D]. 重庆：后勤工程学院，2016.

[50] XIE R H, PAN Y, ZHOU T J. Smart safety design for fire stairways in underground space based on the ascending evacuation speed and BMI[J]. Safety Science,2020,125: 15-20.

[51] 周云，汤统壁，廖红伟．城市地下空间防灾减灾回顾与展望 [J]. 地下空间与工程学报，2006, 2(3): 467-474.

[52] 孙启云．城市商业密集区地下空间利用研究 [D]. 西安：西安建筑科技大学，2018.

[53] 邵峰，张明晓．城市地下空间防灾策略研究 [J]. 工

程建设与设计, 2018 (22): 80-81.

[54] 代宝乾, 汪彤. 国内外典型地铁事故案例分析及预防措施 [C]// 全国安全评价理论与方法创新青年科技论坛论文集, 2016: 183-188.

[55] 袁勇, 邱俊男. 地铁火灾的原因与统计分析 [J]. 城市轨道交通研究, 2014, 17 (7): 26-31.

[56] 郑悦, 高福桂, 姚保华. 城市地下空间人员应急疏散的难点与破解对策——以上海为例 [J]. 上海城市管理, 2012, 21 (6): 22-25.

[57] 周维建. 地下建筑空间火灾事故的灭火救援分析 [J]. 低碳世界, 2017 (28): 165-166.

[58] 王鹏. 地下公共建筑火灾危险性分析 [J]. 城市建设 (下旬刊), 2011 (2): 364.

[59] 熊海群. 地下商业街的防火设计研究 [D]. 重庆: 重庆大学, 2007.

[60] 杜小光. 浅析大型地下空间建筑的消防设计 [J]. 中华民居 (下旬刊), 2013(1): 64-65.

[61] 纪杰. 地铁站火灾烟气流动及通风控制模式研究 [D]. 合肥: 中国科学技术大学, 2008.

[62] 孙浩. 大型地下商业建筑的地下车库消防设计 [J]. 居业, 2017(1): 39-41.

[63] Admiraal J B M. A bottom-up approach to the planning of underground space[J]. Tunneling and Underground Space Technology, 2006, 21(3): 464-465.

[64] 方银钢, 朱合华, 闫治国. 上海长江隧道火灾疏散救援措施研究 [J]. 地下空间与工程学报, 2010, 6(2): 418-422.

[65] 王晓华. 超高层建筑防火疏散设计的探讨 [D]. 长沙: 湖南大学, 2007.

[66] 王海芹. 地铁突发火灾时人员安全疏散影响因素研究 [D]. 西安: 西安建筑科技大学, 2010.

[67] 李耀民, 郝震. 谈地下建筑火灾的特点及预防措施 [J]. 武警学院学报, 2003, 19(6): 27-28.

[68] 吴玉培. 城市商业综合体地下空间交通设计研究 [D]. 重庆: 重庆大学, 2012.

[69] 徐艳秋, 王振东. 基于 Pathfinder 和 FDS 的火场下人员疏散研究 [J]. 中国安全生产科学技术, 2012, 8(2): 51-54.

[70] 赵哲, 陈清光, 王海蓉, 等. 基于 Pathfinder 的公众聚集场所的应急诱导疏散 [J]. 消防科学与技术, 2013, (12): 1327-1330.

[71] 吴涛, 谢金荣, 杨延军. 人民防空地下室建筑设计 [M]. 北京: 中国计划出版社, 2014.

[72] 曹辉. 建筑综合体防火安全疏散设计策略研究 [D]. 上海: 同济大学, 2006.

[73] 闫鹏, 王泓, 王颖华. 地下建筑避难空间设计探讨 [J]. 地下空间与工程学报, 2008, 4 (1): 12-15.

[74] STERLING, RAY MOND. Underground Space Design[M]. John Wileg & Sons Inc, 1993.

[75] 宋文华, 伍东, 张玉福. 高层建筑火灾初期利用电梯进行人员疏散的可行性探讨 [J]. 中国安全科学学报, 2008, 18(9): 67-72.

[76] 杜显杰. 地下综合体的平战结合设计研究 [J]. 南京: 东南大学, 2015.

[77] 奚伟. 城市高层建筑初期火灾乘坐电梯逃生的可行性运用 [J]. 中国管理信息化, 2018, 21(21): 179-181.

[78] 宋德贵, 张金贵. 基于 CAN 总线和 DSP 的火灾自动报警控制系统设计 [J]. 武警学院学报, 2011, 27(2): 8-10.

[79] 赫英红, 赫英. 火灾自动报警系统对火灾初期的重要性 [J]. 工程技术研究, 2016 (6): 116.

[80] 马雪. 城市地下空间导向标识系统设计 [D]. 天津: 天津大学, 2009.

[81] 宋波, 陈芳, 苏经宇. 地铁应急疏散标识系统优化 [J]. 北京工业大学学报, 2008, 34(5): 504-510.

[82] 王瑾. 让残障者无障碍通行——浅谈城市导向标识系统中的无障碍设计 [J]. 中国建筑装饰装修, 2007 (12): 132-137.

[83] 刘向. 消防应急照明系统设计与应用 [J]. 现代建筑电气, 2012, 3 (11): 25-28.

[84] 唐春雨. 高层建筑火灾情况下电梯疏散安全可靠性研究 [D]. 西安: 西安科技大学, 2009.

[85] 田玉敏. 特殊人群疏散行为及疏散设计的研究 [J]. 灾害学, 2013, 28(3): 91-94.

[86] 李强, 崔喜红, 陈晋. 大型公共场所人员疏散过程及引导作用研究 [J]. 自然灾害学报, 2006, 15 (4): 92-99.

[87] 吕永泰, 杨驰. BIM 等技术在地产品质管理中的应用

浅析 [J]. 土木建筑工程信息技术 , 2018,10(1): 83-87.

[88] 张扬 . 基于 BIM 技术的施工质量管理研究 [D]. 青岛 : 青岛大学 , 2019.

[89] 杜长宝 , 朱国庆 , 李俊毅 . 疏散模拟软件 STEPS 与 Pathfinder 对比研究 [J]. 消防科学与技术 , 2015(4): 456-460.

[90] 田玉敏 . 高层建筑安全疏散评价方法的研究 [J]. 消防科学与技术 , 2006(1): 33-37.

[91] 杜红 . 防排烟工程 [M]. 北京 : 机械工业出版社 , 2013.

[92] 李俊梅 , 胡成 , 李炎锋 , 等 . 不同类型疏散通道人群密度对行走速度的影响研究 [J]. 建筑科学 , 2014, 30(8): 122-129.

[93] 王欣 , 张大鹏 , 朱霞 . 三维建模及可视化在矿山管理中的应用 [J]. 工程地质计算机应用 , 2007(2): 23-25, 7.

[94] 王婷 , 杜慕皓 , 唐永福 , 等 . 基于 BIM 的火灾模拟与安全疏散分析 [J]. 土木建筑工程信息技术 , 2014, 6(6): 102-108.

[95] 肖立 , 尚涛 . 虚拟现实技术及其在城市建设中的应用 [J]. 武汉大学学报 (工学版), 2001, 34(6): 114-116.